JN117744

マイクロ波回路と電波伝搬

改訂版

著　畠山 賢一・榎原 晃・河合 正

ふくろう出版

序　論

本書はこれから電磁波を用いる分野で活躍を希望する学生，エンジニアのために基礎的な事項を述べたものである．基礎事項ではあるがカバーする技術分野が広いので，従来の工学系大学の学部カリキュラムではこの分野はマイクロ波工学，電磁波工学，アンテナ電波伝搬などと称される2つ以上の科目に分けられ，教科書も異なるのが普通であった．しかし，電磁気学を基礎とする高周波を扱う分野であることは共通しているので，全体を統一して一冊で解説する教科書があれば学ぶ立場からは利点が大きいと考えられる．そこで本書ではこの立場から，やや専門的と思われる解析方法や現在では使われることが少なくなった技術に関する部分を思い切って省略し，伝送線路，平面波，種々の回路素子，電磁波放射，電波伝搬を記号や説明の統一を図りながら一貫して解説している．

電磁波を情報伝達手段に用いることを最初に試みたのはマルコーニであり，それほど古いことではない．彼が大西洋横断無線通信に成功したのは1901年であるから，それから現代まで100年間強で数えきれないほどの発明，開発，改良がなされ，現代の情報化社会を形づくる技術が蓄積されたことになる．最初は火花放電を発振源とする送受信装置であり，モールス符号による情報のやり取りであったことを考えれば，現代の情報化社会はとてつもなく高度に発展した技術を駆使している．重要なことは，この分野は現代でも研究開発が盛んに行われ，日々新しい技術が実用化されている発展途上の分野であるということである．読者自らが開発者となって新境地を開拓できる魅力に満ちた分野と言えよう．

本書で述べるマイクロ波回路や電波伝搬に関する技術は，情報化社会を支える基礎ハード技術の一つである．本書を手にされた学生，エンジニアの方々には，本書を有効に利用して基礎事項をしっかりと身に着けられ，将来この分野で活躍する際の基礎を築かれることを願う次第である．

（2015年2月，著者ら記す）

目　次

第1章　分布定数回路

回路の寸法が波長に比べて無視できないぐらい高い周波数の交流信号を扱う場合，分布定数回路の考え方が必要となる．本章では，交流理論の復習から始め，分布定数回路を伝搬する波のふるまいを考えていく．

1.1　交流理論の基礎

交流電圧の時間 t による変化は cos を用いて実数表現すれば，

$$e(t) = a\cos(\omega t + \theta) \tag{1.1.1}$$

となり，図 1.1.1 に示すように，直流が電圧値だけで表されるのに対して，交流は振幅 a，角周波数 ω，初期位相 θ の３つのパラメータで表される．このような，時間を含んだ実数による交流信号の表現は瞬時表現と呼ばれる．一方で，上の式はオイラーの公式より，以下の複素数の実部でもある．

$$ae^{j(\omega t+\theta)} = a\cos(\omega t + \theta) + ja\sin(\omega t + \theta) \tag{1.1.2}$$

ここで，a と θ をその大きさと偏角に持つ複素数 $A=ae^{j\theta}$ を定義する．もし，ω が既知であれば，A に $e^{j\omega t}$ をかけて実部を取ることによって，A から $e(t)$ は以下のように再現できる．

$$e(t) = a\cos(\omega t + \theta) = \mathrm{Re}[Ae^{j\omega t}] \tag{1.1.3}$$

この A は交流の振幅と位相の情報を持ち，時間 t を含まない複素数で，複素振幅，あるいは，フェーザと呼ばれている．また，時間 t を含んだ $Ae^{j\omega t}$ の表

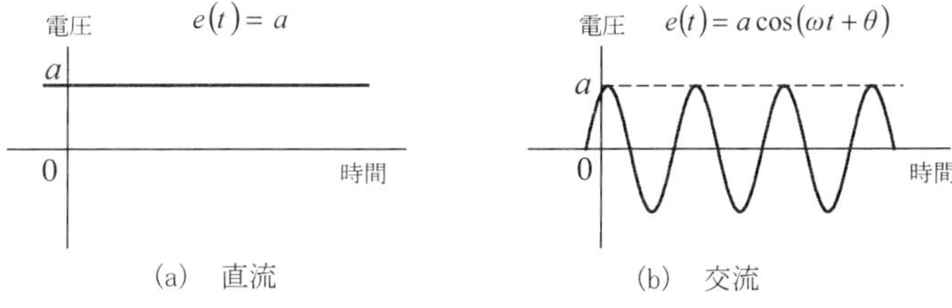

図 1.1.1　直流と交流

現法は複素表現と呼ぶ．複素振幅を用いれば，同じ ω の２つの交流信号 A_1，A_2 の位相差は簡単に，

$$\arg\left(\frac{A_1}{A_2}\right) = \arg\left(\left|\frac{A_1}{A_2}\right| e^{j(\theta_1-\theta_2)}\right) = \theta_1 - \theta_2 \tag{1.1.4}$$

と求められる．交流では，ω が共通な交流信号の振幅変化や位相変化を問題とする場合が多く，複素振幅を用いた計算法が極めて都合が良い．さらに，複素表現を用いれば時間 t による微分は，

$$\frac{dAe^{j\omega t}}{dt} = j\omega Ae^{j\omega t} \tag{1.1.5}$$

のように，単に $j\omega$ をかけるだけで済むことも大きな特徴である．本章では，主に交流信号を扱うので，特に断りのない限り，電圧や電流，電界，磁界を表現する際にも複素振幅を用いるものとする．

1.2　波の伝搬

1.2.1　伝搬定数と特性インピーダンス

分布定数回路は，図 1.2.1(a)に示すように行き帰り２本の線からなる伝送線路である．この線路の単位長あたりの直列インダクタンス L，直列抵抗 R，並列容量 C，並列コンダクタンス G の４つの回路定数を用いると，等価回路は形式的に図 1.2.1(b)のように表現ができる．これから，このような回路中で

(a)　分布定数回路の構成例　　(b)　等価回路

図 1.2.1　分布定数回路

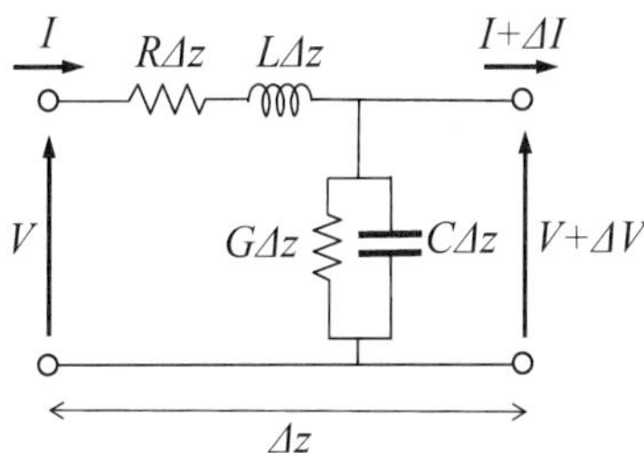

図 1.2.2　微小区間での等価回路と電圧，電流の関係

の電圧，電流の分布を求めてみる．また，分布定数回路の特性を記述する重要な基本定数についても考える．

長さ方向の座標を z として，先に述べた複素振幅を用い，微小区間 Δz の等価回路を書いてみると図 1.2.2 のようになる．ここで，電圧，電流の変化分 ΔV, ΔI は，それぞれ，直列インピーダンスによる電圧降下分と並列アドミタンスによる短絡電流分に対応するので，Δz が十分小さいとすると，

$$\Delta V = -(R + j\omega L)\Delta z\, I$$

$$\Delta I = -(G + j\omega C)\Delta z\, V$$

と表され，この関係は以下の微分方程式で表現できる．

$$\frac{dV}{dz} = -(R + j\omega L)I \tag{1.2.1a}$$

$$\frac{dI}{dz} = -(G + j\omega C)V \tag{1.2.1b}$$

(1.2.1a)を z で微分し，(1.2.1b)に代入すると，V に関する微分方程式が以下のように得られる．

$$\frac{d^2V}{dz^2} = \gamma^2 V \tag{1.2.2}$$

ここで，複素数 γ は，

$$\gamma = \sqrt{(R + j\omega L)(G + j\omega C)} = \alpha + j\beta \tag{1.2.3}$$

とする．(1.2.2)は１次元のヘルムホルツ方程式であり，以下のように$+\gamma$，$-\gamma$ に対応する２つの項を持つ一般解が得られる．

$$V = V_+ e^{-\gamma z} + V_- e^{\gamma z} = V_+ e^{-(\alpha + j\beta)z} + V_- e^{(\alpha + j\beta)z} \tag{1.2.4}$$

V_+，V_-は積分定数で，後で述べるように，それぞれ，$+z$，$-z$ 方向に伝搬する波の z=0 での複素振幅を表している．γ は伝搬定数と呼ばれる波の伝搬特性を表す重要な定数で，その実部 α を減衰定数，虚部 β を位相定数と呼ぶ．

電流 I についても同様に γ を用いた以下の方程式が得られる．

$$\frac{d^2 I}{dz^2} = \gamma^2 I \tag{1.2.5}$$

V と I の関係は，(1.2.4)を(1.2.1a)に代入することで，

$$\begin{aligned} I &= I_+ e^{-\gamma z} + I_- e^{\gamma z} \\ &= \frac{1}{Z_0}\left(V_+ e^{-\gamma z} - V_- e^{\gamma z}\right) = \frac{1}{Z_0}\left\{V_+ e^{-(\alpha + j\beta)z} - V_- e^{(\alpha + j\beta)z}\right\} \end{aligned} \tag{1.2.6}$$

ここで，Z_0 は同じ方向に進む電圧波と電流波の複素振幅の比を表しており，

$$Z_0 = \frac{V_+}{I_+} = -\frac{V_-}{I_-} = \sqrt{\frac{R + j\omega L}{G + j\omega C}} \tag{1.2.7}$$

と表され，回路定数で決まることがわかる．この Z_0 は特性インピーダンスと呼ばれる分布定数回路の特性を示す非常に重要な定数である．

1.2.2　波長と位相速度

分布定数回路の電圧分布の様子を理解するために(1.2.4)を瞬時表現で表してみる．振幅 V_+，V_-は複素数であるから，それぞれ，大きさと偏角に分けて $V_+=|V_+|e^{j\theta_+}$，$V_-=|V_-|e^{j\theta_-}$ とおくと，電圧の瞬時表現は，

$$\begin{aligned} e(z,t) &= \mathrm{Re}\left[V e^{j\omega t}\right] = \mathrm{Re}\left[\left\{V_+ e^{-(\alpha + j\beta)z} + V_- e^{(\alpha + j\beta)z}\right\} e^{j\omega t}\right] \\ &= |V_+| e^{-\alpha z} \cos(\omega t - \beta z + \theta_+) + |V_-| e^{\alpha z} \cos(\omega t + \beta z + \theta_-) \end{aligned} \tag{1.2.8}$$

となる．この式より，電圧分布は２つの正弦波の足し合わせになっていることが良くわかる．ここで，波の特性を表す量として，隣り合う等位相の点の間隔である波長 λ と，等位相の点の移動速度である位相速度 v_p を求めてみる．上の式の右辺第１項，および，第２項の波の位相を，それぞれ，φ_+，φ_-とすると，

$$\varphi_+ = \omega t - \beta z + \theta_+ \tag{1.2.9a}$$

$$\varphi_- = \omega t + \beta z + \theta_- \tag{1.2.9b}$$

ここで，z が波長 λ だけ変化すると位相 φ_+および φ_-は 2π 変化し，元の位相に戻ることになるので，波長 λ と位相定数 β の関係は，以下のように表される．

$$\lambda=\frac{2\pi}{\beta},\quad \beta=\frac{2\pi}{\lambda} \tag{1.2.10}$$

位相速度 v_p については，(1.2.9a)で位相 φ_+が同じになる位置 z と時刻 t の関係式から求めることができる．φ_+=定数と考えて，両辺を時間 t で微分すると，

$$\omega-\beta\frac{dz}{dt}=0$$

ここで，dz/dt が等位相の点の移動速度，つまり，位相速度 v_p を表すので，

$$v_p=\frac{\omega}{\beta} \tag{1.2.11}$$

となり，等位相点が$+z$ 方向に速度 v_p で移動することがわかる．(1.2.9b)について同様に計算すると，

$$\frac{dz}{dt}=-\frac{\omega}{\beta}=-v_p \tag{1.2.12}$$

となり，こちらは等位相点が$-z$ 方向に移動する．このことから，(1.2.4)の右辺第１項は$+z$ 方向に伝搬する波，第２項は$-z$ 方向に同じ速度で伝搬する波を表していることがわかる．また，(1.2.8)より，それぞれの波は距離 l 伝搬すると振幅が元の位置よりも $e^{-\alpha l}$ だけ減衰することから，α が減衰定数と呼ばれる意味がわかる．

次に，分布定数回路が無損失の場合の各定数を求める．図 1.2.1(b)の R，G がそれぞれ，導体損，誘電損に対応するので回路が無損失の場合，R=G=0 となる．したがって，(1.2.3)，(1.2.7)，(1.2.11)より，

$$\gamma=j\beta=j\omega\sqrt{LC} \tag{1.2.13}$$

$$Z_0=\sqrt{\frac{L}{C}} \tag{1.2.14}$$

$$v_p=\frac{\omega}{\beta}=\frac{1}{\sqrt{LC}} \tag{1.2.15}$$

となり，伝搬定数 γ は純虚数，特性インピーダンス Z_0 は実数となることがわかる．図 1.2.3 には，無損失の分布定数回路での波の伝搬の様子を示す．$+z$

方向と$-z$ 方向に，波長 λ，位相速度 v_p で伝搬する２つの電圧波が存在する．回路中の電圧分布はこれら２つの波の重ね合わせになっており，電流波についても基本的にすべて同様のことが言える．

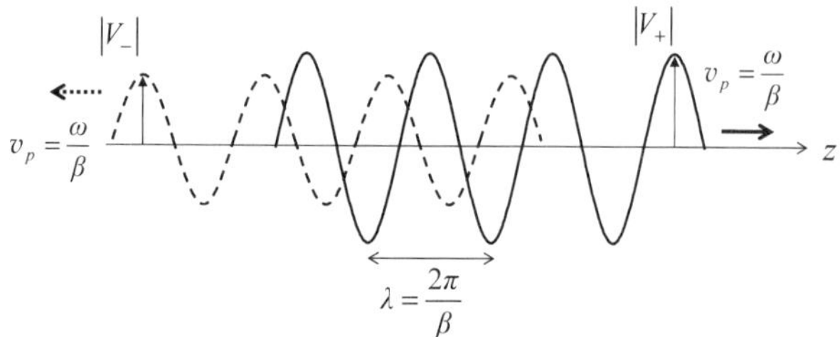

図 1.2.3　分布定数回路中の電圧波の伝搬

1.3　反射係数と入力インピーダンス

1.3.1　反射係数と定在波比

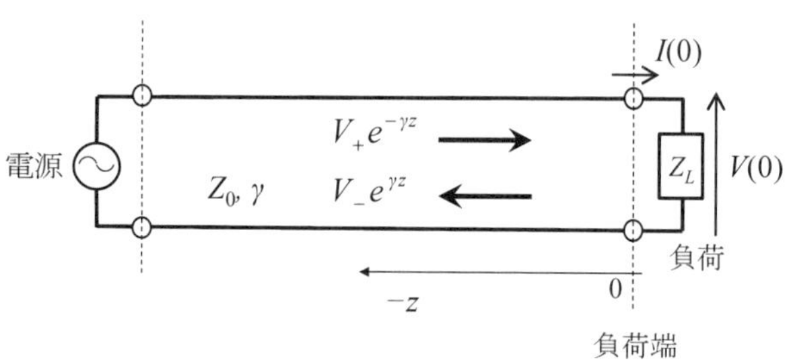

図 1.3.1　電源と負荷が接続された分布定数回路

つぎに，分布定数回路に実際に電源と負荷が接続されているときの波のふるまいを考えてみよう．図 1.3.1 に示すように，分布定数回路の終端にインピーダンス Z_L の負荷が接続されており，負荷とは反対側の端には波を発生させる電源が接続されているとする．座標については，図のように負荷が接続さ

れた位置を z 座標の原点にして，回路を$-z$ 方向にとる．先の説明からわかるとおり，電源から負荷に入射する波 $V_+e^{-\gamma z}$ は，その電圧と電流の複素振幅の比 V_+／I_+は特性インピーダンス Z_0 に等しく，この関係が維持されて回路中を伝搬するが，負荷端での電圧と電流の比 $V(0)$／$I(0)$は負荷インピーダンス Z_L に固定される．したがって， $Z_L \neq Z_0$ であれば，両方の条件を満足させるように反射する波 $V_-e^{\gamma z}$ が生じることになる．そのため，$V_+e^{-\gamma z}$，$V_-e^{\gamma z}$ はそれぞれ負荷に対する入射波，反射波と呼ばれる．

ここで，ある位置 z での入射波に対する反射波の複素振幅の比を反射係数 Γ と定義すると，(1.2.4)より，

$$\Gamma = \frac{V_- e^{\gamma z}}{V_+ e^{-\gamma z}} = \frac{V_-}{V_+} e^{2\gamma z} = \Gamma_0 e^{2\gamma z} \tag{1.3.1}$$

ここで，

$$\Gamma_0 = \frac{V_-}{V_+} \tag{1.3.2}$$

は負荷端（z=0）での反射係数を表している．(1.3.1)より，Γ_0がわかれば，任意の位置での反射係数は簡単に計算できることがわかる．また, (1.2.4), (1.2.6), (1.3.1)を用いると Z_L は以下のように表される．

$$Z_L = \frac{V(0)}{I(0)} = Z_0 \frac{V_+ + V_-}{V_+ - V_-} = Z_0 \frac{1+\Gamma_0}{1-\Gamma_0} \tag{1.3.3}$$

この式を変形して，Γ_0は

$$\Gamma_0 = \frac{Z_L - Z_0}{Z_L + Z_0} \tag{1.3.4}$$

となる．この式からもわかるように，Z_L=Z_0 の時は Γ_0=0 で，反射係数 Γ は常に 0 となり，反射波が存在しないことがわかる．この状態をインピーダンス整合と呼び，その時の負荷 Z_L を整合負荷と呼ぶ．また，負荷が増幅作用のない受動回路で構成されている場合は，反射波の振幅が入射波よりも大きくなることはないので，常に$|\Gamma| \leq 1$ である．

一方，電流波に対する反射係数は，(1.2.6)より，

$$\frac{I_- e^{\gamma z}}{I_+ e^{-\gamma z}} = -\frac{V_- e^{\gamma z}}{V_+ e^{-\gamma z}} = -\Gamma$$

となり，電圧波の場合とは正負が逆になるだけである．したがって，電圧波の反射係数を考えておけば十分であるので，単に反射係数と呼ぶ場合は電圧波に対する反射係数を指すものとする．

ところで, 分布定数回路上で実際に計測器を用いて簡単に観測できるのは, 入射波, 反射波を足し合わせた電圧および電流の振幅の大きさ$|V|$, $|I|$である．そこで，それらを求めるために (1.2.4)を，(1.3.1)を使って変形すると，

$$V = V_+ e^{-\gamma z}\left(1+\Gamma\right) \tag{1.3.5a}$$

$$I = \frac{V_+ e^{-\gamma z}}{Z_0}\left(1-\Gamma\right) \tag{1.3.5b}$$

また，(1.3.1)，(1.2.3)より $\Gamma=\Gamma_0 e^{2\alpha z+j2\beta z}$ であるので，Γ_0 の大きさと偏角を分けて $\Gamma_0=|\Gamma_0|e^{j\theta}$ とすると，$\Gamma=|\Gamma|e^{j(\theta+2\beta z)}$ と表すことができる．そこで，(1.3.5)から$|V|$，$|I|$を求めると，

$$|V| = \left|V_+ e^{-(\alpha+j\beta)z}\right|\left|1+\Gamma\right| = \left|V_+\right|e^{-\alpha z}\left|1+\left|\Gamma\right|e^{j(\theta+2\beta z)}\right| \tag{1.3.6a}$$

$$|I| = \left|\frac{V_+}{Z_0}\right|e^{-\alpha z}\left|1-\left|\Gamma\right|e^{j(\theta+2\beta z)}\right| \tag{1.3.6b}$$

これらの式から $e^{j(\theta+2\beta z)}=1$ つまり $\theta+2\beta z=2n\pi$ (n は任意の整数)を満たす位置 z において，以下のように，$|V|$は極大値 $V_{\max}$ を，$|I|$は極小値 $I_{\min}$ を取ることがわかる．

$$V_{\max} = \left|V_+\right|e^{-\alpha z}\left(1+\left|\Gamma\right|\right) \tag{1.3.7a}$$

$$I_{\min} = \left|\frac{V_+}{Z_0}\right|e^{-\alpha z}\left(1-\left|\Gamma\right|\right) \tag{1.3.7b}$$

同様に, $e^{j(\theta+2\beta z)}=-1$ つまり $\theta+2\beta z=(2n+1)\pi$ を満たす位置では, 以下の通り, $|V|$は極小値 $V_{\min}$，$|I|$は極大値 $I_{\max}$ を取る．

$$V_{\min} = \left|V_+\right|e^{-\alpha z}\left(1-\left|\Gamma\right|\right) \tag{1.3.8a}$$

$$I_{\max} = \left|\frac{V_+}{Z_0}\right|e^{-\alpha z}\left(1+\left|\Gamma\right|\right) \tag{1.3.8b}$$

$|V|$，あるいは，$|I|$の隣り合う極大と極小との間の距離は，$\theta+2\beta z$ が π 変化す

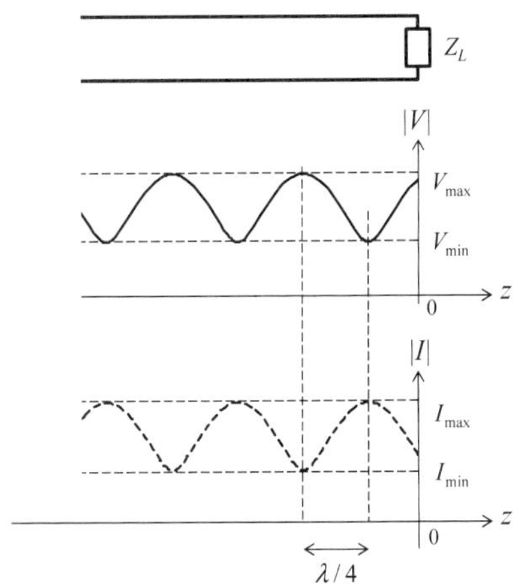

図 1.3.2　定在波分布

る距離に相当するので $\lambda/4$ となる．したがって，図 1.3.2 に示すように，場所 z に対して 4 分の 1 波長の間隔で周期的に極大値と極小値を繰り返す分布を持つことがわかる．これを定在波と呼ぶ．また，極大値と極小値の比は定在波比 ρ と呼ばれており，(1.3.7)，(1.3.8)より，

$$\rho = \frac{V_{max}}{V_{min}} = \frac{I_{max}}{I_{min}} = \frac{1+|\Gamma|}{1-|\Gamma|} \tag{1.3.9}$$

と表される．逆に，Γ を ρ で表すと，

$$|\Gamma| = \frac{\rho-1}{\rho+1} \tag{1.3.10}$$

このことから，電圧振幅の大きさの極大値 V_{max} と極小値 V_{min} と，それら値をとる位置の間隔を測れば，ρ と λ が求まり，ρ から反射係数の大きさ$|\Gamma|$が算出できることがわかる．

1.3.2　入力インピーダンス

分布定数回路中での電圧，電流比であるインピーダンスは回路設計上極めて重要な量である．いま，負荷端から距離 l の位置での負荷方向を見込んだ電圧と電流の比を入力インピーダンス Z_{in} と定義すると，$z=-l$ として，(1.2.4)，

(1.2.6)から，

$$Z_{in}=\frac{V(-l)}{I(-l)}=Z_0\frac{V_+e^{\gamma l}+V_-e^{-\gamma l}}{V_+e^{\gamma l}-V_-e^{-\gamma l}} \tag{1.3.11}$$

と表される．ただし，電流 I には方向があるため入力インピーダンスは見る方向により符号が異なる．ここでは，特に断りのない限り，Z_{in} は負荷側（$+z$ 方向）を見た時の入力インピーダンスを表すものとする．

l を使うと $\Gamma=\Gamma_0e^{-2\gamma l}$ となり，(1.3.1)と(1.3.11)から，Z_{in} と Γ は以下のような簡単な関係式で結ばれることがわかる．

$$Z_{in}=Z_0\frac{1+(V_-/V_+)e^{-2\gamma l}}{1-(V_-/V_+)e^{-2\gamma l}}=Z_0\frac{1+\Gamma}{1-\Gamma} \tag{1.3.12a}$$

$$\Gamma=\frac{Z_{in}-Z_0}{Z_{in}+Z_0} \tag{1.3.12b}$$

さらに，複素双曲線関数に関する関係式 $\tanh x=(e^x-e^{-x})/(e^x+e^{-x})$ と負荷端での反射係数を表す式(1.3.4)より，(1.3.12a)は，

$$Z_{in}=Z_0\frac{Z_L+Z_0\tanh\gamma l}{Z_0+Z_L\tanh\gamma l} \tag{1.3.13}$$

とも表すことができる．この式は l の関数となっていることから，負荷が接続された分布定数回路の入力インピーダンスは負荷からの距離によって変化する，言い換えれば，分布定数回路はインピーダンス変換器としての機能を有することがわかる．

1.3.3　負荷が接続されたときの入力インピーダンス

つぎに，様々な負荷が接続されたときの無損失分布定数回路（$\alpha=0$）の入力インピーダンスを考えてみる．一般的な伝送線路の損失は小さいので無損失の仮定は多くの場合有効である．そこで，(1.2.4)，(1.2.6)に $\gamma=j\beta$ を代入して書き換えると，

$$V=V_+e^{-j\beta z}+V_-e^{j\beta z} \tag{1.3.14a}$$

$$I=\frac{1}{Z_0}\left(V_+e^{-j\beta z}-V_-e^{j\beta z}\right) \tag{1.3.14b}$$

また，(1.3.13)より負荷端から距離 l の位置での Z_{in} は，

$$Z_{in} = Z_0 \frac{Z_L + jZ_0 \tan \beta l}{Z_0 + jZ_L \tan \beta l} \tag{1.3.15}$$

cot を用いると,

$$Z_{in} = Z_0 \frac{Z_L \cot \beta l + jZ_0}{Z_0 \cot \beta l + jZ_L} \tag{1.3.16}$$

とも表せる.

1) 終端短絡

実際に, 図 1.3.3(a)のように終端を短絡した場合を考える. $Z_L=0$ であるので, (1.3.4)より $\Gamma_0=V_-/V_+=-1$ となり, (1.3.14)から電圧, 電流分布は,

$$V = V_+\left(e^{-j\beta z} - e^{j\beta z}\right) = -2jV_+ \sin \beta z \tag{1.3.17a}$$

$$I = \frac{V_+}{Z_0}\left(e^{-j\beta z} + e^{j\beta z}\right) = \frac{2V_+}{Z_0}\cos \beta z \tag{1.3.17b}$$

となる. 図 1.3.3(b)に, $|V|$, $|I|$の z に対する変化を示す. 負荷端で $V=0$ となる定在波を形成している.

また, 負荷端から距離 l の位置での Z_{in} は, (1.3.15)より,

$$Z_{in} = jZ_0 \tan \beta l \tag{1.3.18}$$

となる. 無損失の場合は, (1.2.14)より Z_0 が実数であることを思い出すと, (1.3.18)の Z_{in} は純虚数となることがわかる. そこで, $Z_{in}=jX$ とし, X をそのリアクタンス成分として l に対する X の変化を表したものを図 1.3.3(c)に示す.

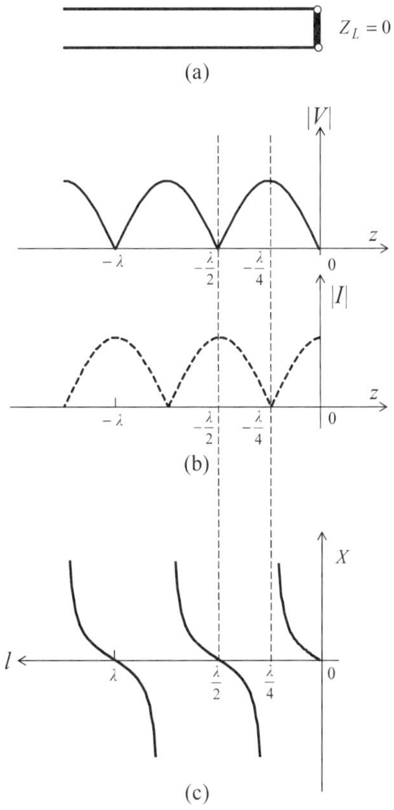

図 1.3.3 終端短絡時の電圧, 電流分布と入力インピーダンスの虚部の変化

$0<l<\lambda/2$ の範囲で，X は$-\infty$から$+\infty$まですべての値を取り得ることがわかる．$l=\lambda/2$ では $X=0$ つまり短絡状態，$l=\lambda/4$ では $X=\infty$つまり開放状態となる．また，$0<l<\lambda/4$ では，$X>0$ であるので入力インピーダンスは誘導性リアクタンスとなり，$\lambda/4<l<\lambda/2$ では，$X<0$ であるので容量性リアクタンスとなる．これらのことから，終端短絡線路はその長さ l によってリアクタンス素子，つまり，コイルやコンデンサと同じインピーダンスを持たせることができる．また，関数 tan の周期性より，$\lambda/2$ の整数倍の距離を加えた長さでも同じ入力インピーダンスとなる．

2)　終端開放

同様に，図 1.3.4(a)のように終端を開放した回路について考えると，$Z_L=\infty$となるので，(1.3.4)より $\Gamma_0=1$ である．したがって，

$$V=V_+\left(e^{-j\beta z}+e^{j\beta z}\right)=2V_+\cos\beta z \tag{1.3.19a}$$

$$I=\frac{V_+}{Z_0}\left(e^{-j\beta z}-e^{j\beta z}\right)=-j\frac{2V_+}{Z_0}\sin\beta z \tag{1.3.19b}$$

$$Z_{in}=-jZ_0\cot\beta l \tag{1.3.20}$$

となる．図 1.3.4(b)には，$|V|$，$|I|$の変化を示す．この場合は，開放端で電圧の絶対値が極大となる定在波を形成している．終端短絡の場合に比較して，$z=0$ での初期値が異なるだけで，同様の周期変化をすることがわかる．

また，終端短絡の場合と同様に Z_{in} は純虚数であり，そのリアクタンス成分を X とすると，同図(c)のように，$0<l<\lambda/2$ の範囲で，X は$-\infty$から$+\infty$ま

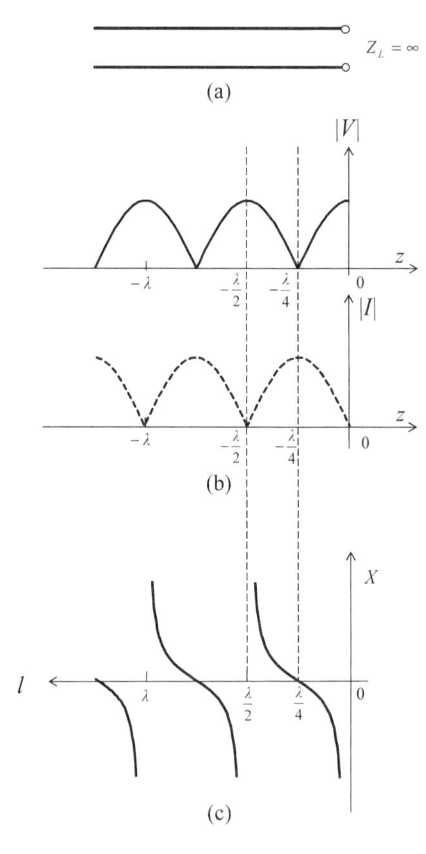

図 1.3.4　終端開放時の電圧，電流分布と入力インピーダンスの虚部の変化

ですべての値を取り得る．また，$l=\lambda/4$ では $X=0$ つまり短絡状態，$l=\lambda/2$ では $X=\infty$ つまり開放状態であり，$0<l<\lambda/4$ では，$X<0$ で容量性リアクタンス，$\lambda/4<l<\lambda/2$ では，$X>0$ で誘導性リアクタンスとなる．したがって，終端開放線路においても同様に，長さを調節することでリアクタンス素子のインピーダンスを再現できることがわかる．

3)　整合負荷

図 1.3.5 のように，$Z_L=Z_0$ の整合負荷が接続されたときは，以前に述べたように $\Gamma_0=0$ となるため反射波が存在せず，常に，$\Gamma=0$ である．このことは，反射波が戻ってこないような十分に長い線路を接続したときと同様と考えることもできる．(1.3.15)より入力インピーダンスは l に関係なく常に $Z_{in}=Z_0$ である．

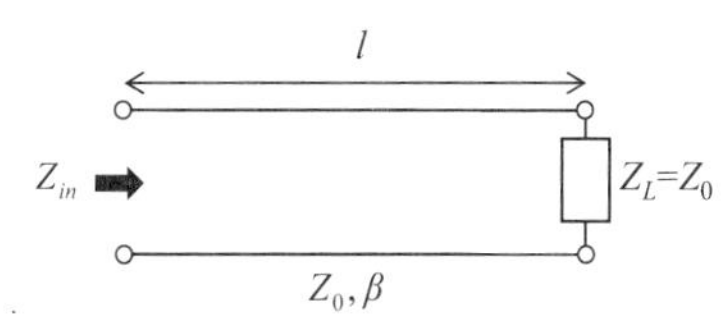

図 1.3.5　整合負荷を接続した分布定数回路

4)　特別な長さの分布定数回路

(1)　4分の1波長線路

負荷から4分の1波長となる位置での入力インピーダンスを考えてみる(図 1.3.6)．$l=\lambda/4$ では $\beta l=\pi/2$ となり，(1.3.16)より，

$$Z_{in}=Z_0\frac{Z_L\cot\frac{\pi}{2}+jZ_0}{Z_0\cot\frac{\pi}{2}+jZ_L}=\frac{Z_0^2}{Z_L} \tag{1.3.21}$$

となる．Z_0 は実数であるので，Z_L が実数であるなら Z_{in} も実数となり，4分の1波長の分布定数回路は実数の負荷インピーダンス（これを負荷抵抗と呼ぶ場合も多い）を同様に実数の入力インピーダンスに変換できる変換器としての機能があることがわかる．

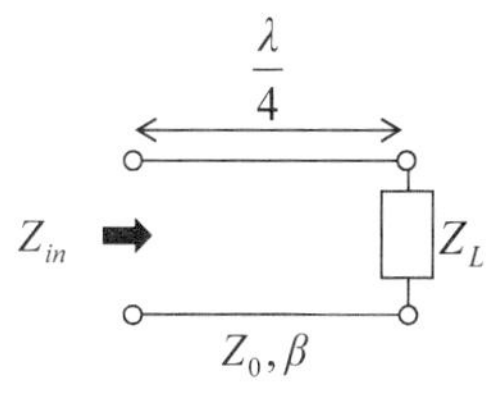

図 1.3.6　4分の1波長線路

(2)　2分の1波長線路

負荷から2分の1波長となる位置での入力

インピーダンスについては，$l=\lambda/2$ で $\beta l=\pi$ となることから，(1.3.15)より，

$$Z_{in}=Z_0\frac{Z_L+jZ_0\tan\pi}{Z_0+jZ_L\tan\pi}=Z_L \tag{1.3.22}$$

となる．したがって，この場合は Z_L と全く同じ Z_{in} が再現されることがわかる．

1.4　4分の1波長整合回路

4分の1波長の長さの分布定数回路は，(1.3.21)に示す関係式によってインピーダンス変換されることがわかった．この原理を用いると，特性インピーダンスとは異なる負荷（$Z_L \neq Z_0$）が接続された場合でもインピーダンス整合が可能となる．図 1.4.1 のように，特性インピーダンス Z_0 の分布定数回路と Z_L の負荷との間に特性インピーダンスが Z_m で長さ4分の1波長の分布定数回路を挿入する．この回路の A–A'の位置での Z_{in} は(1.3.21)より Z_m^2/Z_L である．そこでもし，

$$Z_m=\sqrt{Z_0Z_L} \tag{1.4.1}$$

となるような Z_m を選ぶと，位置 A–A' で負荷側を見た入力インピーダンスが Z_0 と等しくなるため，A–A'での反射係数が 0 になり，A–A'に入射した波の電力はすべて負荷で消費される．このような回路のことを4分の1波長整合回

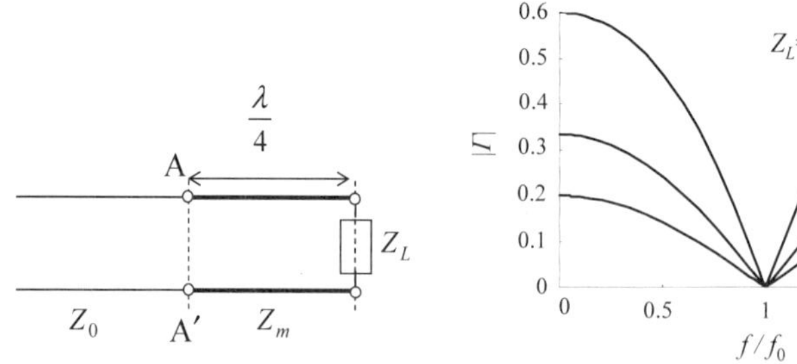

図 1.4.1　4分の1波長整合回路

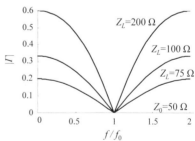

図 1.4.2　4分の1波長整合回路の反射係数$|\Gamma|$の周波数特性

路と呼び，実際のマイクロ波回路でよく利用されている．

ここで，注意することは，入射波の周波数が変化すると4分の1波長の長さも変わるので $l=\lambda/4$ の条件が崩れ，反射が生じることになる．いま，周波数 f_0 で（その時の波長を λ_0 とする）4分の1波長となるよう設計された4分の1波長整合回路に，f_0 とは異なる周波数 f の波を入力したとすると，βl は，

$$\beta l = \frac{2\pi}{\lambda}\frac{\lambda_0}{4} = \frac{2\pi f}{v_p}\frac{v_p}{4f_0} = \frac{\pi}{2}\frac{f}{f_0} \tag{1.4.2}$$

となる．これを(1.3.15)に代入することで，入力インピーダンスが求まる．明らかに $f \neq f_0$ であれば(1.3.21)の関係を満たさないので，インピーダンス整合は取れず，反射が生じる．図1.4.2に，f_0 で規格化した周波数 f/f_0 に対する反射係数の大きさの変化を示す．設計周波数と信号周波数との差が大きくなると反射係数が増加し，また，Z_0 と Z_L の差が大きいほど f が f_0 からずれた時の反射係数の増加が急激になることがわかる．

1.5　スミスチャート

1.3節で入力インピーダンスを求める方法を述べたが，これを数式を用いずに図表で求めることもできる．このための図表が図1.5.1に示すスミスチャートと呼ばれるもので，分布定数回路の振る舞いを直感的に理解することに非常に役立つので，本節で詳しく説明する．

ここでは，インピーダンスを回路の特性インピーダンス Z_0 で割ったものを規格化したインピーダンスとして，以下のように小文字で表すことにする．

$$z_{in} = \frac{Z_{in}}{Z_0} \tag{1.5.1a}$$

$$z_L = \frac{Z_L}{Z_0} \tag{1.5.1b}$$

規格化入力インピーダンス z_{in} と反射係数 Γ との関係は，(1.3.12)より，

$$z_{in} = \frac{1+\Gamma}{1-\Gamma} \tag{1.5.2}$$

また，上の式から Γ を逆算して，

$$\Gamma = \frac{z_{in} - 1}{z_{in} + 1} \tag{1.5.3}$$

と互いに1次変換の形で表されることがわかる．スミスチャートはΓを直交座標による複素平面で表したものになっており，そこに描かれた曲線を使ってプロットすることでz_{in}とΓとの変換が行われる図表である．

それでは，まず，スミスチャートの中の各曲線の意味について考えてみる．

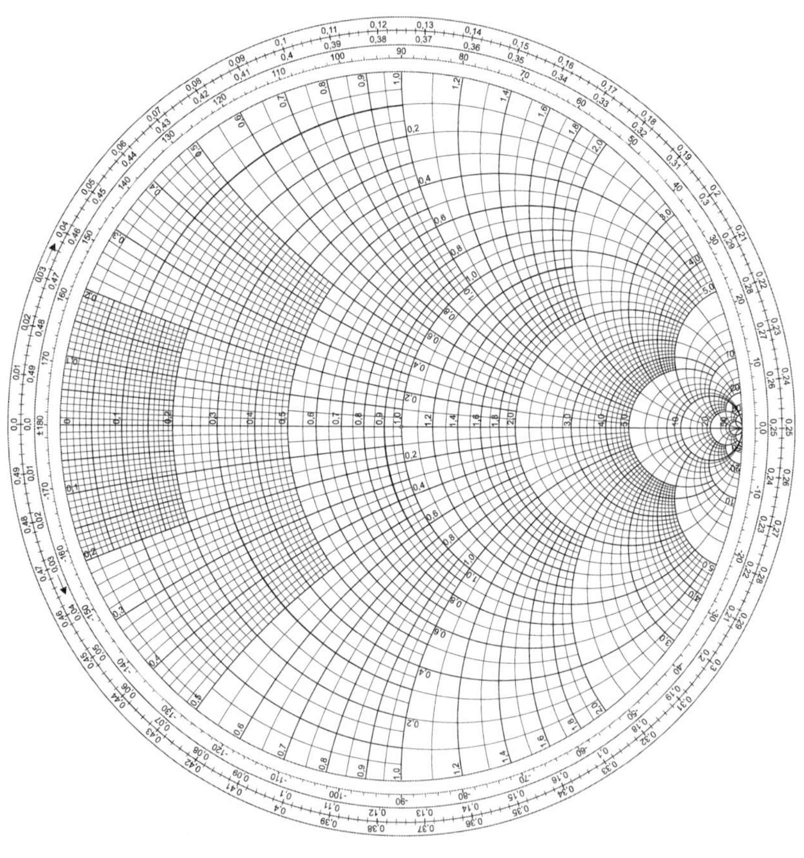

図1.5.1　スミスチャート

$z_{in}=r+jx$，$\Gamma=U+jV$ とおくと，(1.5.2)より，

$$r+jx=\frac{1+U+jV}{1-U-jV} \tag{1.5.4}$$

これを，実部と虚部に分けて整理すると以下の２つの方程式が得られる．

$$r=\frac{1-U^2-V^2}{(1-U)^2+V^2} \tag{1.5.5a}$$

$$x=\frac{2V}{(1-U)^2+V^2} \tag{1.5.5b}$$

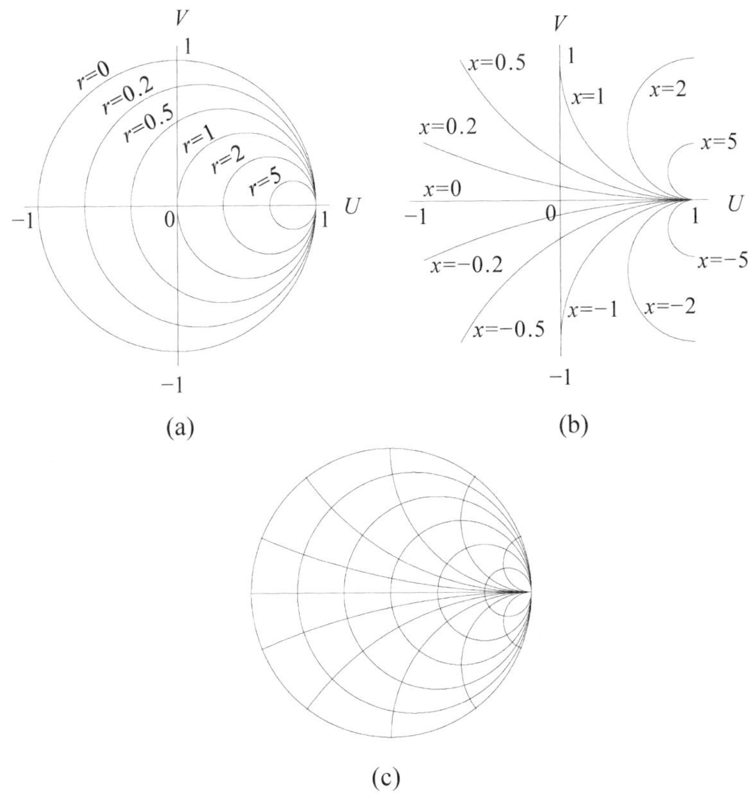

図 1.5.2　スミスチャートの構造

これらは，変形すると以下のように UV 平面での円を表す式となる．

$$\left(U-\frac{r}{r+1}\right)^2+V^2=\left(\frac{1}{r+1}\right)^2 \tag{1.5.6a}$$

$$(U-1)^2+\left(V-\frac{1}{x}\right)^2=\left(\frac{1}{x}\right)^2 \tag{1.5.6b}$$

図 1.5.2(a)は，(1.5.6a)を用いて r を一定にして描いた曲線群で，図 1.5.2(b)は(1.5.6b)を用いて x を一定にして描いた曲線群である．これら曲線群をひとつの図面に描いたものが図 1.5.2(c)に示すスミスチャートである．これによって，$z_{in}=r+jx$ のインピーダンスを表す点は，r と x の値に対応する 2 つの曲線の交点で表すことができる．そして，z_{in} がプロットされた位置は直交座標で見ると Γ の複素平面上での位置に対応する．ここで，回路が受動素子だけで構成されている場合には，インピーダンスの抵抗成分は正（$r\geq 0$）であるので，$r=0$ の円，反射係数 Γ で見ると $|\Gamma|=1$ の円の内側に必ず位置することになる．

次に，(1.3.1)を基に，無損失回路において l の位置から Δl だけ負荷から遠ざかる位置の反射係数を求めると，

$$\Gamma(l+\Delta l)=\Gamma_0 e^{-2j\beta(l+\Delta l)}=\Gamma_0 e^{-2j\beta l}e^{-2j\beta\Delta l}=\Gamma(l)e^{-j\frac{4\pi\Delta l}{\lambda}} \tag{1.5.7}$$

となる．したがって，負荷から遠ざかる方向への Δl の移動は，スミスチャート上では，原点中心に時計回りに角度 $4\pi\Delta l/\lambda$ [rad] だけ回転することを意味

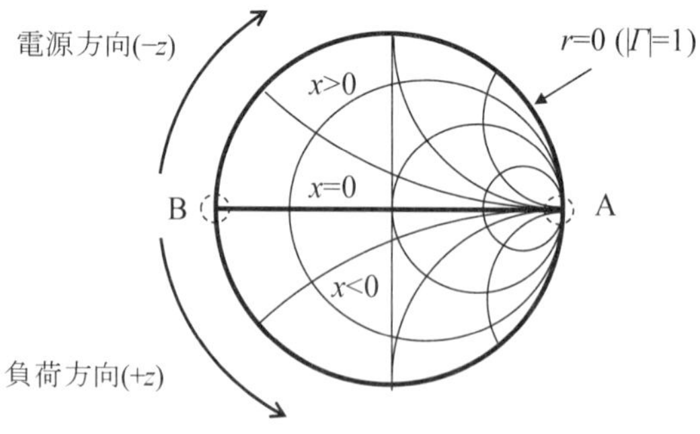

図 1.5.3　スミスチャートの見方

し，$\Delta l=\lambda/2$ でちょうど一周する．そこで，スミスチャートでは一般的に，図 1.5.3 に示すように左端の B 点を基点にして，波長で規格化された距離を表す目盛りが付けられている．右回りが負荷から遠ざかる方向，左回りは負荷に近づく方向である．

また，図 1.5.3 において，A 点は $\Gamma=1$ で $z_{in}=\infty$となり，開放の位置である．その点に対称な B 点では $\Gamma=-1$ で $z_{in}=0$ となるので短絡点となる．また，図の上半分は $x>0$ で誘導性リアクタンスを持つ領域で，下半分は $x<0$ で容量性リアクタンスを持つ領域である．また，チャートの中心からの距離が反射係数の大きさとなるので，反射係数が小さいほど中心に近づき，整合負荷が接続されて反射係数が 0 となると中心点で動かない．このようなことが，スミスチャート上の点の位置からすぐにわかるので，分布定数回路上のインピーダンスを直感的に推測するのに非常に役立つ．

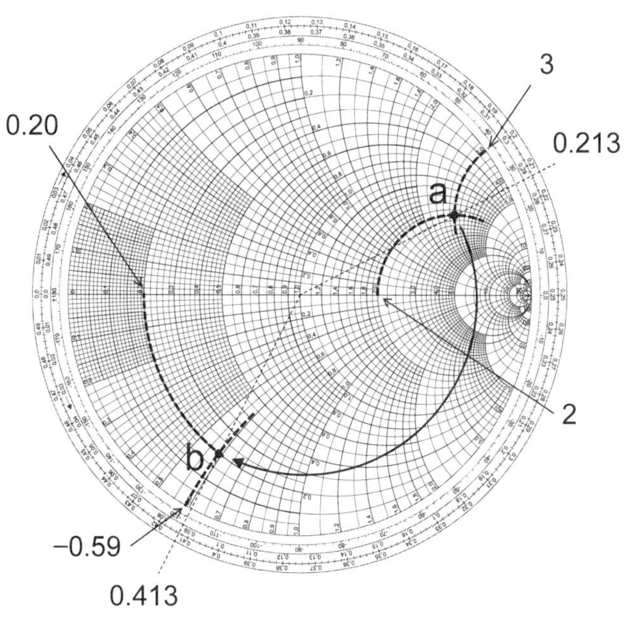

図 1.5.4　スミスチャートの利用例

それでは，実際に，負荷 Z_L が接続された分布定数回路の負荷から距離 l の位置での入力インピーダンスをスミスチャートを使って求めてみよう．例として，Z_0=50Ω の分布定数回路の終端に Z_L=100+j150Ω の負荷が接続されているときの，負荷から距離 0.2λ の位置での Z_{in} を求めてみる．まず，図 1.5.4 にあるように，規格化負荷インピーダンス（$z_L=Z_L/Z_0=2+j3$）に対応する点 a をスミスチャート上にプロットする（r=2，x=3）．次に，外側にある波長で規格化された目盛りを使って 0.2λ に対応する角度だけ（0.213→0.413），原点中心に右回りに回転させる（b 点）．そして，b 点の r と x を読み取るとその位置での z_{in} が求まる（$z_{in}=0.20-j0.59$）．最後に，Z_0 をかければ $Z_{in}=10-j30$ が得られる．読み取り誤差は幾分含まれるが，このような要領で図面上だけで入力インピーダンスを求めることができる．

演習問題

1.1　以下の瞬時表現の複素振幅を求めよ．

1)　$v(t)=\cos(\omega t+\pi/2)$　　2)　$v(t)=3\cos(\omega t-\pi/3)$

1.2　以下の複素振幅の瞬時表現を求めよ．時間因子は $e^{j\omega t}$ とする．

1)　$3+j3$　　2)　$\sqrt{6}-j\sqrt{2}$

1.3　(1.2.4)の電圧波の式が(1.2.2)の解であることを証明せよ．

1.4　図 1.2.3 を参考に，回路に損失がある場合の+z 方向に進む波の様子を描け．

1.5　単位長あたり直列インダクタンス L=200 nH，並列容量 C=500 pF の無損失の分布定数回路の特性インピーダンス Z_0 と位相速度 v_p とを求めよ．

1.6　特性インピーダンス Z_0=50Ω で無損失の分布定数回路に以下の負荷が接続されているとする．それぞれの場合について，負荷端での反射係数 Γ_0 と定在波比 ρ を求めよ．

1)　Z_L=100 Ω　　2)　Z_L=20+j30 Ω

1.7　分布定数回路（Z_0=50Ω）において，反射係数が以下の値を示す場所での入力インピーダンス Z_{in} を求めよ．

1)　0.4+j0.2　　2)　0.5

1.8　分布定数回路（Z_0=50Ω）において，入力インピーダンスが以下の値を示す場所での反射係数 Γ を求めよ．

1)　20 Ω　　2)　40−j10 Ω　　3)　0 Ω

1.9　未知のインピーダンス Z_L の負荷が接続された無損失の分布定数回路(特性インピーダンス 100 Ω）の定在波比を測定すると 3 であった．負荷端での反射係数 Γ_0 と Z_L を求めよ．ただし，Z_L は純抵抗（実数）であるとする．

1.10　100 Ω の負荷を特性インピーダンス 50 Ω の分布定数回路に周波数 3GHz で整合させるのに 4 分の 1 波長整合回路を用いるとすると，

1)　整合回路の特性インピーダンス Z_m と長さ l を求めよ．ただし，電圧波の位相速度は 3×10^8 m/s とする．

2)　この回路に，周波数 2 GHz および 6 GHz の波を入力した時の入力インピーダンス Z_{in} と反射係数 Γ をそれぞれ求めよ．

1.11　特性インピーダンス Z_0=50 Ω，波長 λ=10cm の無損失の分布定数回路において，負荷端から 3cm の位置での入力インピーダンスが 25+j50 であった．以下の問いにスミスチャートを使って求めよ．

1)　この回路に接続されている負荷のインピーダンスを求めよ．

2)　負荷から 1cm の位置での入力インピーダンスを求めよ．

3)　この分布定数回路上で入力インピーダンスが純抵抗（実数）となる位置のうち，負荷に最も近い位置の負荷からの距離とそこでの入力インピーダンスとを求めよ．

第2章　平面波

2.1　平面波

ここでは，無限に広い空間を伝搬する平面波を導出する．平面波は電磁波を取り扱うときの基本になるものである．

電磁波は角周波数 ω で振動しており，真空の誘電率，透磁率を ε_0，μ_0，電磁波が伝搬する媒質の比誘電率，比透磁率を ε_r，μ_r とする．電界，磁界，電流密度，電荷密度をそれぞれ $\boldsymbol{E}$，$\boldsymbol{H}$，$\boldsymbol{J}$，ρ とする．電磁気学で学んだようにこれらの関係は次のマックスウエル方程式で表される．

$$\nabla\times\boldsymbol{E}=-j\omega\mu\boldsymbol{H} \tag{2.1.1a}$$

$$\nabla\times\boldsymbol{H}=\boldsymbol{J}+j\omega\varepsilon\boldsymbol{E} \tag{2.1.1b}$$

$$\nabla\cdot(\varepsilon\boldsymbol{E})=\rho \tag{2.1.1c}$$

$$\nabla\cdot(\mu\boldsymbol{H})=0 \tag{2.1.1d}$$

ここで $\varepsilon=\varepsilon_0\varepsilon_r$，$\mu=\mu_0\mu_r$ である．

十分に広い真空の一様な空間を自由空間という．自由空間を伝わる電磁波を考え，平面波を導いてみよう．ある点で電磁波が発生したとき，発生源から十分遠方の自由空間内の点 p で $\boldsymbol{E}$，$\boldsymbol{H}$ はどのように表されるだろうか．

自由空間であるから(2.1.1a)－(2.1.1d)において $\varepsilon=\varepsilon_0$，$\mu=\mu_0$，$\boldsymbol{J}$=0，$\rho$=0 とする．電磁波は発生源を中心に放射状に分布するので $\boldsymbol{E}$，$\boldsymbol{H}$ は極座標で表示するのが適切であるが，点 p 近傍に限れば直角座標で近似的に表すことができる．点 p を原点に x,y,z の直角座標を考え，$\boldsymbol{E}$ の方向を x 方向とする．(2.1.1a)，(2.1.1b)は $\boldsymbol{E}$ と $\boldsymbol{H}$ が空間的に直交するベクトルであることを示すので，$\boldsymbol{H}$ の方向を y 方向として一般性を損なわない．$\boldsymbol{E}$，$\boldsymbol{H}$ を成分表示すると次のようになる．

$$\boldsymbol{E}=(E_x,E_y,E_z)=(E_x,0,0),\quad \boldsymbol{H}=(H_x,H_y,H_z)=(0,H_y,0) \tag{2.1.2}$$

(2.1.2)を(2.1.1a)，(2.1.1b)に代入して次式を得る．

$$\frac{\partial E_x}{\partial z} = -j\omega\mu_0 H_y \tag{2.1.3a}$$

$$-\frac{\partial H_y}{\partial z} = j\omega\varepsilon_0 E_x \tag{2.1.3b}$$

(2.1.3a)，(2.1.3b)は，E_x，H_y は z のみの関数であり、xy 面では一様であることを示している。これらの式より，次式が得られる．

$$\frac{\partial^2 E_x}{\partial z^2} = -\omega^2\varepsilon_0\mu_0 E_x \tag{2.1.4a}$$

$$\frac{\partial^2 H_y}{\partial z^2} = -\omega^2\varepsilon_0\mu_0 H_y \tag{2.1.4b}$$

式(2.1.4a)，(2.1.4b)は 1.2 節の(1.2.2)，(1.2.5)と同じ形をしているので，E_x，H_y は伝送線路における 1.2 節の議論を適用し，電圧 V，電流 I と同様に求めることができる．$\gamma^2 = -\omega^2\varepsilon_0\mu_0$ とおくと，$\gamma = \pm j\omega\sqrt{\varepsilon_0\mu_0}$ なので γ は２つの値が可能である．いま，

$$\gamma = j\omega\sqrt{\varepsilon_0\mu_0} \tag{2.1.5}$$

として$+\gamma$，$-\gamma$ を用いた解の和として E_x を表す．(2.1.4a)より，

$$E_x = Ae^{-\gamma z} + Be^{\gamma z} \tag{2.1.6}$$

となる．A，B は振幅を表す係数である．γ は伝搬定数であり，一般に，

$$\gamma = \alpha + j\beta \tag{2.1.7}$$

と表わされる．α は減衰定数，β は位相定数と呼ばれる．ここでは真空中の伝搬を扱っており，ε_0，μ_0 は実数であるから $\alpha = 0$ となり，

$$\gamma = j\beta = j\omega\sqrt{\varepsilon_0\mu_0} \tag{2.1.8}$$

である．(2.1.6)を β を用いて書き改めると次式になる．

$$E_x = Ae^{-j\beta z} + Be^{j\beta z} \tag{2.1.9}$$

磁界 H_y は(2.1.9)を(2.1.3a)に代入し，

$$H_y = \frac{1}{\sqrt{\mu_0/\varepsilon_0}}Ae^{-j\beta z} - \frac{1}{\sqrt{\mu_0/\varepsilon_0}}Be^{j\beta z} \tag{2.1.10}$$

となる．(2.1.9)，(2.1.10)は z 方向への伝搬を表している．伝搬方向は発生源から放射する方向であるから，発生源と点 p を結ぶ方向が図 2.1.1 に示すように z 軸になる．$\boldsymbol{E}$, $\boldsymbol{H}$ は伝搬方向である z 軸に垂直な xy 面にのみ成分を持ち，

伝搬方向成分はなく，かつ，xy 面内で一様である．このような波を平面波（ＴＥＭ波とも言う[1]）と言い，電波伝搬を考えるときの基本になるものである．

平面波の伝搬方向と伝搬速度は 1.2 節の伝送線路の議論が適用でき，(2.1.9)，(2.1.10)の右辺第一項目は$+z$ 方向へ伝搬する成分，第二項目は$-z$ 方向へ伝搬する成分を表す．$+z$ 方向へ伝搬する成分とは波源から放射する成分であり，$-z$ 方向へ伝搬する成分とは波源に戻る成分である．図 2.1.2 には$+z$ 方向へ伝搬する波が $t=0$ から $t=\Delta t$ の間に移動する様子を示した．

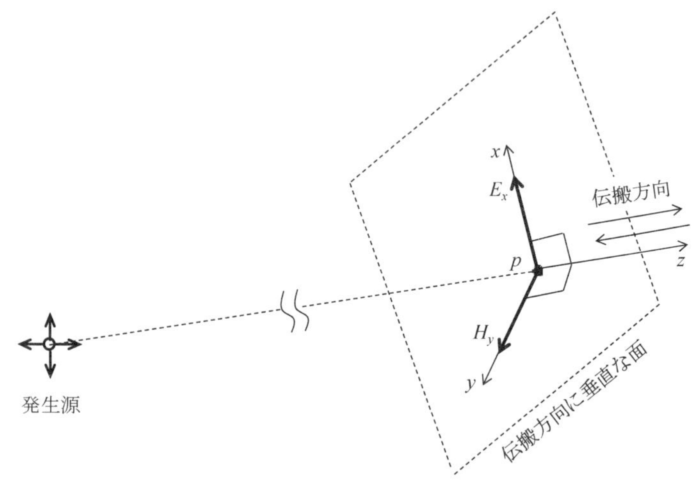

図 2.1.1　自由空間で発生した電磁波（平面波）

伝搬速度を c_0 とすると，(1.2.11)より、

$$c_0=\frac{\omega}{\beta}=\frac{1}{\sqrt{\varepsilon_0\mu_0}} \tag{2.1.11}$$

となる．自由空間内波長を λ_0，周波数を f とすると $c_0=f\lambda_0$ であるので，(2.1.8)の β は，

$$\beta=\frac{2\pi}{\lambda_0} \tag{2.1.12}$$

となる．

[1]TEM：Transverse Electromagnetic Wave

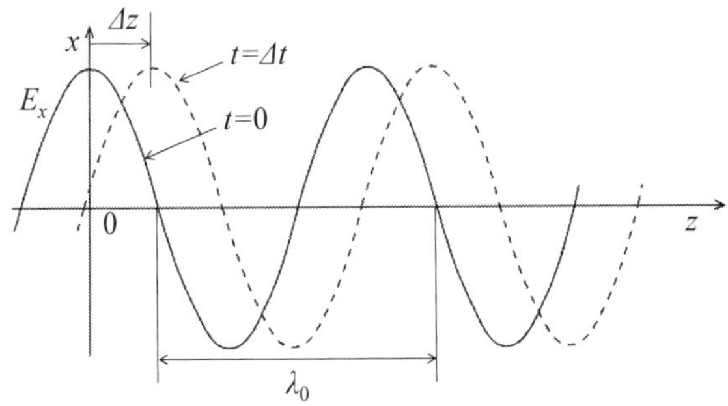

図 2.1.2　自由空間における平面波の進行（電界のみを書いている）

以上をまとめると，(2.1.9)，(2.1.10)で与えられる E_x と H_y は伝搬方向が同じである 2 つの組にまとめられる．例えば B=0 のときは+z 方向に進む波になり，

$$E_x = Ae^{-j\beta z}, \quad H_y = \frac{1}{\sqrt{\mu_0/\varepsilon_0}} E_x \tag{2.1.13}$$

また，A=0 では−z 方向に進む波になり，

$$E_x = Be^{j\beta z}, \quad H_y = -\frac{1}{\sqrt{\mu_0/\varepsilon_0}} E_x \tag{2.1.14}$$

となる．(2.1.14)の H_y にある負号は，H_y が y 軸の負方向を向いていることを示している．

E，***H*** の向きと伝搬方向は関連がある．右ねじを ***E*** から ***H*** の方向に回したとき，ネジの進む方向が伝搬方向になると記憶すればよい．+z 方向，および −z 方向に進む平面波の様子を図 2.1.3 に示す．

電界と磁界の振幅の比を波動インピーダンスという．真空中を伝搬する平面波の波動インピーダンスを η_0 とすると，(2.1.13)，(2.1.14)より，

$$\eta_0 = \frac{E_x}{H_y} = \sqrt{\frac{\mu_0}{\varepsilon_0}} = 120\pi(=377)\,\Omega \tag{2.1.15}$$

となる．波動インピーダンスは電磁波が進む方向に関わらず同じ値である．

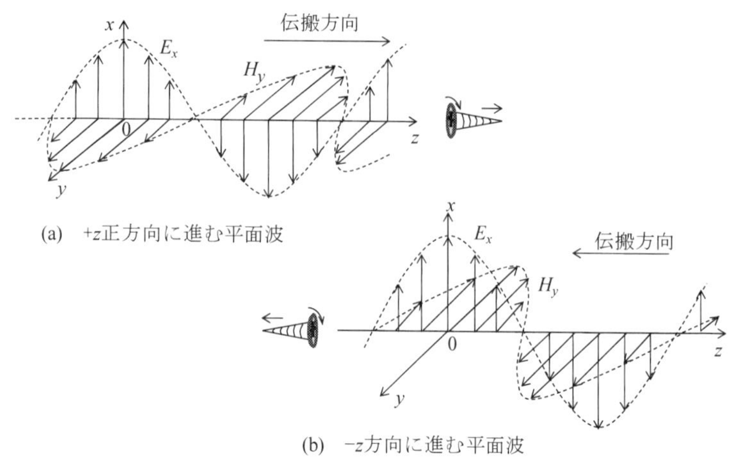

図 2.1.3　+z 方向，−z 方向に伝搬する平面波

次に，真空中の平面波から比誘電率 ε_r，比透磁率 μ_r の均質媒質を伝搬する平面波の議論に拡張しよう．(2.1.5), (2.1.11), (2.1.15)において $\varepsilon_0 \to \varepsilon(=\varepsilon_0\varepsilon_r)$，$\mu_0 \to \mu(=\mu_0\mu_r)$ と変換すると，伝搬速度 c，波長 λ，伝搬定数 γ，波動インピーダンス η_w は，

$$c=\frac{1}{\sqrt{\varepsilon\mu}}=\frac{c_0}{\sqrt{\varepsilon_r\mu_r}}=f\lambda,\quad \lambda=\frac{\lambda_0}{\sqrt{\varepsilon_r\mu_r}} \tag{2.1.16}$$

$$\gamma=j\beta=j\omega\sqrt{\varepsilon\mu}=j\frac{2\pi}{\lambda_0}\sqrt{\varepsilon_r\mu_r}=j\beta_0\sqrt{\varepsilon_r\mu_r},\quad \beta_0=\frac{2\pi}{\lambda_0} \tag{2.1.17}$$

$$\eta_w=\sqrt{\frac{\mu}{\varepsilon}}=\eta_0\sqrt{\frac{\mu_r}{\varepsilon_r}} \tag{2.1.18}$$

となる．(2.1.16)からわかるように，媒質内伝搬速度は真空中に比べて $1/\sqrt{\varepsilon_r\mu_r}$ 倍になるが，これは波長 λ が真空中波長 λ_0 に比べて $1/\sqrt{\varepsilon_r\mu_r}$ 倍になることによる．通常，誘電体の比誘電率 ε_r は 1 より大きく，かつ μ_r は 1 なので誘電体内部では真空中に比べて波長が短くなり（このことを波長短縮という），誘電体の伝搬速度は真空中よりも遅くなる．

以上，$\boldsymbol{E}$ は x 成分，$\boldsymbol{H}$ は y 成分のみを持ち，z 方向に伝搬する平面波について述べた．座標の取り方は任意であるからこのように制限しても平面波としての一般性を損なわないが，以後の取り扱いで $\boldsymbol{E}$，$\boldsymbol{H}$ の方向を特定せず，伝搬方向を任意方向にした場合の表記が必要になるのでこれについて述べておく．より一般的には次のようにしてマクスウエル方程式から平面波が導かれる．媒質は波源のない（$J=0, \rho=0$）均質媒質とする．(2.1.1a)，(2.1.1c)よりベクトル公式を用いると，

$$\nabla\times\nabla\times\boldsymbol{E}=\nabla\nabla\cdot\boldsymbol{E}-\nabla^2\boldsymbol{E}=-\nabla^2\boldsymbol{E} \tag{2.1.19}$$

である．ただし，$\nabla\cdot\boldsymbol{E}=0$ とした．また，(2.1.1b)より，

$$\nabla\times\nabla\times\boldsymbol{E}=-j\omega\mu\nabla\times\boldsymbol{H}=\omega^2\varepsilon\mu\boldsymbol{E} \tag{2.1.20}$$

となる．この両式より，

$$-\nabla^2\boldsymbol{E}=\omega^2\varepsilon\mu\boldsymbol{E} \tag{2.1.21}$$

が得られる．次の式が上式の解の一つであることは上式に代入すれば明確である．

$$\boldsymbol{E}=\boldsymbol{E}_0e^{-j(\beta_xx+\beta_yy+\beta_zz)} \tag{2.1.22}$$

ただし，

$$\beta_x^2+\beta_y^2+\beta_z^2=\omega^2\varepsilon\mu \tag{2.1.23}$$

である．

ここで波数ベクトル $\boldsymbol{k}$ を導入し[2]，次のように定義する．

$$\boldsymbol{k}=\beta_x\boldsymbol{e}_x+\beta_y\boldsymbol{e}_y+\beta_z\boldsymbol{e}_z \tag{2.1.24}$$

$$|\boldsymbol{k}|=\sqrt{\boldsymbol{k}\cdot\boldsymbol{k}}=\omega\sqrt{\varepsilon\mu}=\frac{2\pi}{\lambda} \tag{2.1.25}$$

$\boldsymbol{e}_x$，$\boldsymbol{e}_y$，$\boldsymbol{e}_z$ はそれぞれ x, y, z 方向の単位ベクトルである．位置ベクトル $\boldsymbol{r}$ $(=x\boldsymbol{e}_x+y\boldsymbol{e}_y+z\boldsymbol{e}_z)$を用いると，$\boldsymbol{k}\cdot\boldsymbol{r}=\beta_xx+\beta_yy+\beta_zz$ であるから(2.1.22)は，

$$\boldsymbol{E}=\boldsymbol{E}_{0x}e^{-j\boldsymbol{k}\cdot\boldsymbol{r}} \tag{2.1.26}$$

と表される．(2.1.27)は(2.1.9)右辺 1 項目と対応し，$\boldsymbol{E}$ は $\boldsymbol{k}$ 方向に伝搬することを示している．すなわち，$\boldsymbol{k}$ は進行方向を示すベクトルであり，これを用いた指数項 $e^{-j\boldsymbol{k}\cdot\boldsymbol{r}}$ は，1.2 節で説明した $e^{-\gamma z}$ と同様に伝搬に伴う振幅や位相の変化を表す．$\boldsymbol{k}\cdot\boldsymbol{r}$ が一定値である面は等位相面である．図 2.1.4 に示す $\boldsymbol{k}$ に垂直な面は $\boldsymbol{k}\cdot\boldsymbol{r}$ が一定値の面であるので，等位相面は $\boldsymbol{k}$ に垂直な面である．

---

[2] 本書では，1 次元の伝搬や導波路の伝搬における位相定数として β を用いる．3 次元の伝搬では波数ベクトル $\boldsymbol{k}$ を用いて伝搬方向を表す．

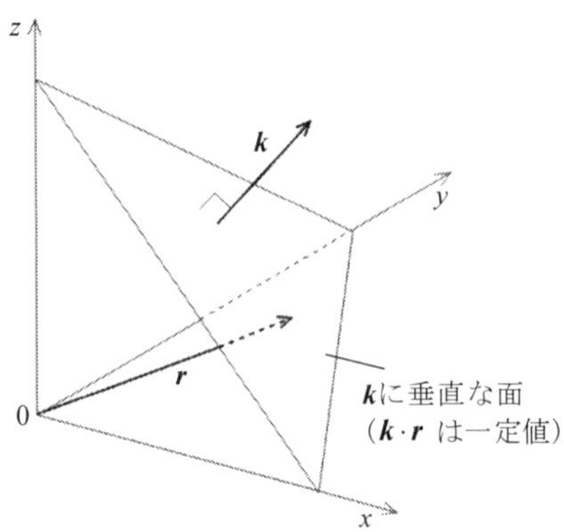

図 2.1.4　*k* 方向に伝搬する平面波

β_x, β_y, β_z はそれぞれ *x, y,z* 方向の位相定数であり，

$$\beta_x = \frac{2\pi}{\lambda_x},\quad \beta_y = \frac{2\pi}{\lambda_y},\quad \beta_z = \frac{2\pi}{\lambda_z} \tag{2.1.27}$$

で定義される各方向の波長 λ_x, λ_y, λ_z が求まる．(2.1.26), (2.1.27)より，

$$\frac{1}{\lambda_x{}^2} + \frac{1}{\lambda_y{}^2} + \frac{1}{\lambda_z{}^2} = \frac{1}{\lambda^2} \tag{2.1.28}$$

となり，λ_x, λ_y, $\lambda_z > \lambda$ である．

平面波であるから，$\boldsymbol{E}$, $\boldsymbol{H}$ は $\boldsymbol{k}$ に垂直な等位相面内に存在する．いま，$\boldsymbol{E}$, $\boldsymbol{H}$ のどちらかが特定されれば，もう一方は(2.1.1a), (2.1.1b)より得られる．例えば，$\boldsymbol{E}$ が $\boldsymbol{E}_0 e^{-j\boldsymbol{k}\cdot\boldsymbol{r}}$ と与えられれば $\boldsymbol{H}$ は次式で求められる．

$$\boldsymbol{H} = -\frac{1}{j\omega\mu}\nabla\times\boldsymbol{E} = -\frac{1}{j\omega\mu}\left(\nabla\times\boldsymbol{E}_0 e^{-j\boldsymbol{k}\cdot\boldsymbol{r}}\right) \tag{2.1.29}$$

以上，任意方向に伝搬する平面波について述べた．座標の取り方により平面波の表現は異なるが，$\boldsymbol{E}$, $\boldsymbol{H}$ は伝搬方向に垂直な面内にのみあることや，伝搬速度，波動インピーダンスなどは(2.1.16)－(2.1.18)で与えられることは勿論変わらない．

2.2　損失媒質中の平面波伝搬

媒質が無損失であるとき ε_r, μ_r は実数であるが，何らかの原因で損失があるときは複素数になり，

$$\varepsilon_r = \varepsilon_r' - j\varepsilon_r", \quad \mu_r = \mu_r' - j\mu_r" \tag{2.2.1}$$

と表わされる．虚数部 $\varepsilon_r"$, $\mu_r"$は損失の大きさを表す．$\varepsilon_r" \neq 0$ の媒質には電気的損失があり，$\mu_r" \neq 0$ の媒質には磁気的な損失があるという．ε_r, μ_r のどちらか一方，或いは両方が複素数になれば(2.1.17)からわかるように γ は複素数になり，減衰定数 α は $\alpha \neq 0$ である．$+z$ 方向に伝搬する波は，

$$E_x = Ae^{-\gamma z} = Ae^{-\alpha z} e^{-j\beta z} \tag{2.2.2}$$

と表わされる．

図 2.2.1 は(2.2.2)で表わされる伝搬の様子を示す．損失媒質内の伝搬は，$e^{-\alpha z}$ の項により z 方向に進行するにつれて波の振幅が次第に減衰することが特徴である．電磁波のエネルギーは振幅が小さくなった分だけ媒質中に吸収され，熱となる．

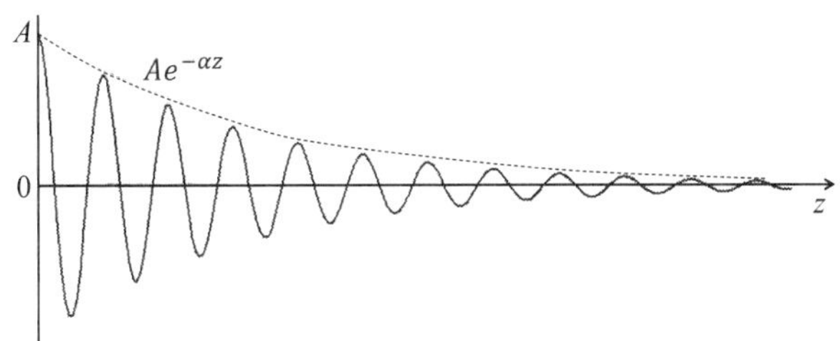

図 2.2.1　損失媒質中の平面波の伝搬

2.3　ポインティングベクトル

図 2.1.3 に示したように，平面波の $\boldsymbol{E}$, $\boldsymbol{H}$ と伝搬方向は右ねじを $\boldsymbol{E}$ から $\boldsymbol{H}$ の方向に回すとき，ネジの進む方向が伝搬方向になるという関係がある．いま，ベクトル $\boldsymbol{P}$ を導入し，

$$\boldsymbol{P} = \boldsymbol{E} \times \boldsymbol{H} \tag{2.3.1}$$

とすると $\boldsymbol{P}$ の方向は伝搬方向と一致する．図 2.2.1 に示すように損失媒質内

では平面波が進むにつれてその振幅が減少し，媒質内にエネルギー吸収が行われるのであるから，$\boldsymbol{P}$ はエネルギーに関する量ではないだろうか．平面波の伝搬をエネルギーの観点から扱ってみよう．

図 2.3.1 のように，媒質定数が ε，μ，σ である媒質中に閉曲面 S をとり，その体積を V とする．閉曲面 S 上で $\boldsymbol{P}$ の発散を求めてみる[3]．ベクトル公式より，

$$\int_S \boldsymbol{P}\cdot\boldsymbol{n}ds=\int_V \nabla\cdot\boldsymbol{P}dV=\int_{\boldsymbol{V}} \nabla\cdot(\boldsymbol{E}\times\boldsymbol{H})dV$$

$$=\int_V \{\boldsymbol{H}\cdot(\nabla\times\boldsymbol{E})-\boldsymbol{E}\cdot(\nabla\times\boldsymbol{H})\}dV=\int_V \left(-\mu\boldsymbol{H}\cdot\frac{\partial\boldsymbol{H}}{\partial t}-\sigma\boldsymbol{E}\cdot\boldsymbol{E}-\varepsilon\boldsymbol{E}\cdot\frac{\partial\boldsymbol{E}}{\partial t}\right) \quad (2.3.2)$$

ここで，

$$\left.\begin{aligned}&\mu\boldsymbol{H}\cdot\frac{\partial\boldsymbol{H}}{\partial t}=\mu\frac{1}{2}\frac{\partial(\boldsymbol{H}\cdot\boldsymbol{H})}{\partial t}=\mu\frac{1}{2}\frac{\partial H^2}{\partial t},\quad \sigma\boldsymbol{E}\cdot\boldsymbol{E}=\sigma E^2\\&\varepsilon\boldsymbol{E}\cdot\frac{\partial\boldsymbol{E}}{\partial t}=\varepsilon\frac{1}{2}\frac{\partial(\boldsymbol{E}\cdot\boldsymbol{E})}{\partial t}=\varepsilon\frac{1}{2}\frac{\partial E^2}{\partial t}\end{aligned}\right\}$$

と表すと，結局，

$$\int_S \boldsymbol{P}\cdot\boldsymbol{n}dS=-\int_V \sigma E^2dV-\frac{\partial}{\partial t}\int_V \left(\frac{1}{2}\mu H^2+\frac{1}{2}\varepsilon E^2\right)dV \qquad (2.3.3)$$

となる．(2.3.3)の左辺を仮に，閉曲面 S 内から流れ出るエネルギーと流れこむエネルギーの差であるとすれば，右辺は閉曲面内に残ったエネルギーに負号をつけたものになる．右辺第１項目はジュール熱により S 内の体積 V で消費されるエネルギーである．また，静電界，静磁界からの類推により $(1/2)\mu H^2$ は磁界のエネルギー密度，$(1/2)\varepsilon E^2$ は電界のエネルギー密度であるとすれば，右辺第２項目は体積 V 内に蓄えられているエネルギーの時間変化である．し

[3]ベクトル公式，$\nabla\cdot(\boldsymbol{E}\times\boldsymbol{H})=\boldsymbol{H}\cdot(\nabla\times\boldsymbol{E})-\boldsymbol{E}\cdot(\nabla\times\boldsymbol{H})$ を用いる．(2.3.2)は $\boldsymbol{E},\boldsymbol{H}$ の２乗の項があり，非線形になるのでマクスウエル方程式の時間微分は $j\omega$ をかけるのではなく $\partial/\partial t$ で表す式，$\nabla\times\boldsymbol{E}=-\mu\partial\boldsymbol{H}/\partial t$，$\nabla\times\boldsymbol{H}=\boldsymbol{J}+\varepsilon\partial\boldsymbol{E}/\partial t$ を用いる．

たがって上式は，閉曲面 S 上での $\boldsymbol{P}$ の発散は S 内の体積 V に蓄えられた電磁界のエネルギーの時間減少とジュール熱消費分になると解釈できる．これより $\boldsymbol{P}$ は単位時間内の平面波エネルギー伝送量（つまり電力）を表す量であることがわかる．$\boldsymbol{P}$ をポインティングベクトルと言う．角周波数 ω で振動する電磁界の場合は $\boldsymbol{E}$ または $\boldsymbol{H}$ のどちらかを複素共役にし，例えば

$$\boldsymbol{P}=\boldsymbol{E}\times\boldsymbol{H}^* \tag{2.3.4}$$

と表わし，$\boldsymbol{P}$ の実部が実効電力を表すとする[4].

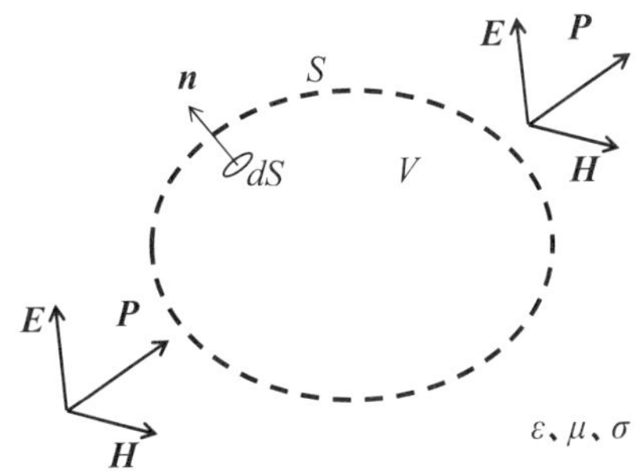

図 2.3.1 閉曲面 S に流入する電力と流出する電力のイメージ

2.4 導電性媒質中の伝搬と表皮効果

損失媒質のうち，導電率の大きい導電材について取り扱いを述べる．図 2.4.1 に示すように，導電率 σ の媒質中に電界 $\boldsymbol{E}$ が存在し，$\boldsymbol{J}=\sigma\boldsymbol{E}$ なる電流密度 $\boldsymbol{J}$ の電流が流れているとする．この媒質の比誘電率を求めよう．アンペールの法則(2.1.1b)を用い，右辺は電流密度 $\boldsymbol{J}$ のみとし，これを $\boldsymbol{J}=\sigma\boldsymbol{E}$ とする．また，電流密度 $\boldsymbol{J}$ が存在する媒質の等価的な比誘電率として ε_r を仮定し，同式右辺を $j\omega\varepsilon_0\varepsilon_r\boldsymbol{E}$ と表す.この両者が等しいとして $\sigma\boldsymbol{E}=j\omega\varepsilon_0\varepsilon_r\boldsymbol{E}$ とおけば，ε_r が次のように求まる．

---

[4] $\boldsymbol{P}=\boldsymbol{E}\times\boldsymbol{H}$ と表すときの $\boldsymbol{P}$ は瞬時値のベクトルである．実際の $\boldsymbol{P}$ の計算では電気回路の電力と同様に $\boldsymbol{E}$, $\boldsymbol{H}$ の片方は複素共役をとり，$\boldsymbol{P}=\boldsymbol{E}\times\boldsymbol{H}^*$ として時間依存をなくす．本によっては $\boldsymbol{P}=(1/2)\boldsymbol{E}\times\boldsymbol{H}^*$ のように係数 1/2 がついている場合がある．これは $\boldsymbol{E}$, $\boldsymbol{H}$ として波高値をとり，これらを実効値に直していると言う意味である．ベクトルにせずに電力量を表す場合は $P=EH^*$ のようにスカラー量で表す．

$$\varepsilon_r = -j\frac{\sigma}{\omega\varepsilon_0} \tag{2.4.1}$$

上式はσの大きい導電材の比誘電率近似値としてよく用いられる．(2.1.17)に上式を代入し，μ_r=1 とおくと，

$$\gamma = a + j\beta = j\omega\sqrt{\varepsilon_0\mu_0}\sqrt{\varepsilon_r} = \frac{1+j}{\delta} \tag{2.4.2}$$

$$\delta = \sqrt{\frac{2}{\omega\sigma\mu_0}} \tag{2.4.3}$$

となる．δは表皮深さと呼ばれる量である．

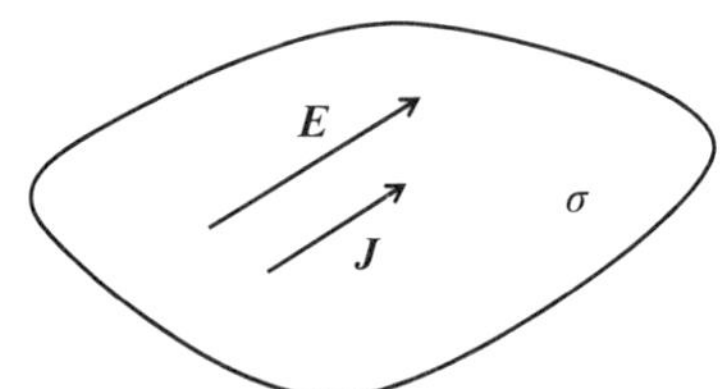

図 2. 4. 1　導電材中の電界 $\boldsymbol{E}$ と電流密度 $\boldsymbol{J}$

(2.4.2)より，

$$\alpha = \beta = \frac{1}{\delta} \tag{2.4.4}$$

であり，導電率が大きい材料では減衰定数αと位相定数βは等しいという特徴がある．導電材料では減衰定数αが大きいので媒質内に侵入した電磁波の振幅は速やかに小さくなり，同時に位相定数βも大きいので波長も短縮される[5]．導電材内では電磁波は侵入しても速やかに減衰するので，電磁波は表面層のみに存在する．この現象を表皮効果という．

波動インピーダンスη_wは，(2.1.18)，(2.4.1)より次式になる．

$$\eta_w = \eta_0\sqrt{\frac{\mu_r}{\varepsilon_r}} = (1+j)\frac{1}{\sigma\delta} \tag{2.4.5}$$

---

[5](2.4.2)，(2.4.4)より，$\delta=\lambda/(2\pi)$である．銅の場合，図 2.4.3 より 1MHz ではδ=70μm，λ_0=300m であるから$\lambda/\lambda_0 \approx 1/10^6$ になる．σの大きい金属では波長短縮率は非常に大きい．

図 2.4.2 のように $0<z$ は導電材である半無限領域を考え，導電材表面の電界，磁界の振幅を E_{t0}，H_{t0} とする．これらから導電材表面におけるポインティングベクトルを求めれば表面から内部に送り込まれる単位面積あたりの電力，すなわち導電材内部で消費される電力を知ることができる．導電材内部で消費される電力 P_l は脚注 3 を参照すると，

$$P_l = \mathrm{Re}(P) = \mathrm{Re}\left(E_{t0}H_{t0}^*\right) = \mathrm{Re}\left(\frac{1}{2}\eta_w\left|H_{t0}\right|^2\right) = \frac{1}{2}\cdot\frac{1}{\sigma\delta}\left|H_{t0}\right|^2 \tag{2.4.6}$$

となる．導電材内部の z の位置における電流密度 $J(z)$は，電界，磁界の振幅を $E(z)$，$H(z)$とすると，

$$J(z) = \sigma E(z) = \frac{1+j}{\delta}H(z) = \gamma H(z) \tag{2.4.7}$$

である．したがって，$z=0$ から無限大までの範囲で流れる電流 I は,

$$I = \int_0^\infty J(z)dz = \gamma\int_0^\infty H(z)dz = \gamma H_{t0}\int_0^\infty e^{-\gamma z}dz = H_{t0} \tag{2.4.8}$$

となり，I は H_{t0} に等しい．(2.4.6)，(2.4.8)より，

$$P_l = \frac{1}{2\sigma\delta}I^2 \tag{2.4.9}$$

となる．ここで,

$$Rs = \frac{1}{\sigma\delta} \tag{2.4.10}$$

とおくと，P_l は Rs なる単位面積当たりの抵抗を持つ厚さ δ の薄い膜を電流 I が流れるときの消費電力になる. Rs を表面抵抗(あるいは単に面抵抗)という.

上に述べたことは次のように考えることができる．表面から表皮深さまでの層に表面の電界，磁界の振幅が一定に存在し，これより深くなれば電磁界はないと近似する．このようにすると P_l は，図 2.4.2 に示すように表皮厚さの部分を抵抗膜と考え，ここに(2.4.8)で与えられる電流が深さ方向に均一に流れて消費される電力に等しい．以上の理由から，表皮深さ δ は電磁波が導電材内に進入できる深さの目安として用いられる.

いままでの取り扱いは半無限の導電材に電磁波が侵入する場合を考えたが，表皮効果は高周波における本質的な効果であり，それ以外の形状でも発生す

る．例えば，断面が円形の金属棒に電流を流す場合，周波数が高くなると表皮効果のために電流は断面を均一に流れず表皮の円周部に集中し，金属棒の抵抗が大きくなる．表皮効果は電流が流れる断面積を狭めるので，たとえ導電率の大きい材料であっても周波数が高くなると抵抗が大きくなってしまうので，高周波を扱う際には注意が必要である．

表皮深さ δ は σ が大きく，かつ，高周波になるほど浅くなる．銅（$\sigma = 5.8\times10^7$S/m）の表皮深さを図 2.4.3 に示す．

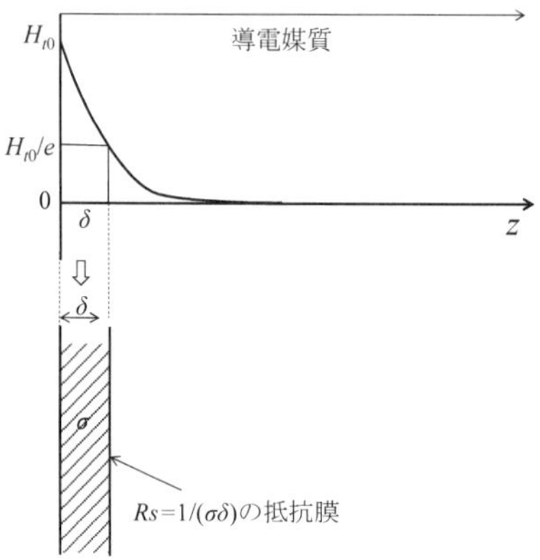

図 2.4.2　導電材に進入する電磁波と表皮効果

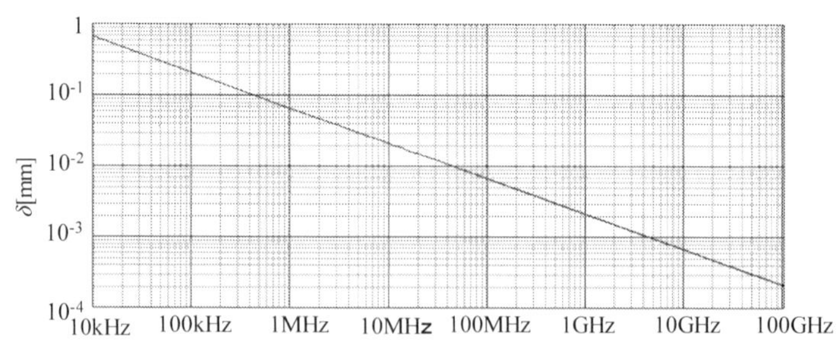

図 2.4.3　金属（銅）の表皮深さ

演習問題

2.1　真空中を周波数 3GHz の平面波が伝搬している．1)伝搬速度 c_0，2)波動インピーダンス η_0，3)波長 λ_0 を求めよ．

2.2　比誘電率 ε_r が 2.25 の誘電体中を周波数 1GHz の平面波が伝搬している．1)伝搬速度 c，2)波動インピーダンス η_w，3)波長 λ を求めよ．

2.3　真空中を平面波が $+z$ 方向に伝搬している．電界 $\boldsymbol{E}$ を $\boldsymbol{E}=\boldsymbol{E}_0 e^{-j\beta z}$ と表すとき，$\boldsymbol{E}_0=E_0'(\boldsymbol{e}_x+\boldsymbol{e}_y)$ であるとする．磁界 $\boldsymbol{H}$ を $\boldsymbol{H}=\boldsymbol{H}_0 e^{-j\beta z}$ とすれば $\boldsymbol{H}_0$ はどのように表されるか．

2.4　抵抗率 ρ が $\rho=10^{-2}\Omega\mathrm{m}$ の導電材平板がある．周波数 1MHz，100MHz，10GHz におけるこの板の表皮深さ δ を求めよ．比透磁率は 1 とする．

2.5　厚み $d=5\mathrm{mm}$，抵抗率 $\rho=10^{-2}\Omega\mathrm{m}$ の十分広い板に図のように電流 I を流す．板の幅，電流方向の長さともに単位長さ当たりの板の抵抗の近似値を 1MHz，10GHz において求めよ．

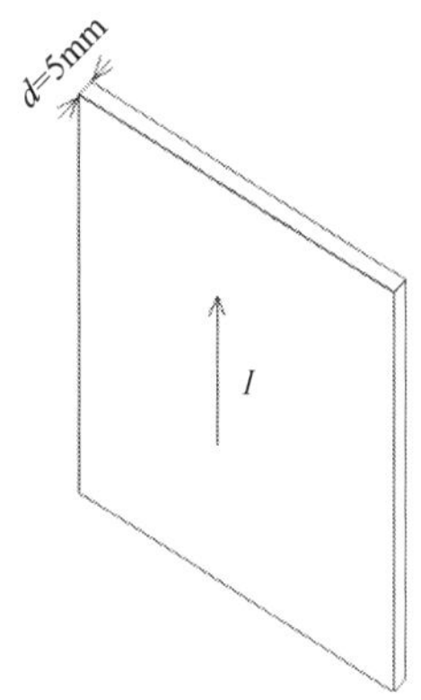

第3章　伝送線路

第2章では空間を伝搬する波として平面波を学んだが，本章では伝送線路中を伝搬する波を考え，電磁波を伝送するための具体的な伝送線路について考える．

平面波は，その電界，磁界が伝搬方向である z 方向成分を持たない TEM 波（$E_z=H_z=0$）であることがわかった．これは，同軸線路やマイクロストリップ線路などいわゆる2導体系線路を伝搬する波でもある．一方，中空金属導波管などでは，TE 波（Transverse Electric wave）と呼ばれる電界の伝搬方向成分が 0 となる波（$E_z=0$，$H_z\neq0$），および，TM 波（Transverse Magnetic wave）と呼ばれる磁界の伝搬方向成分が 0 となる波（$E_z\neq0$，$H_z=0$）が伝搬する．

3.1　2導体系線路

伝送線路の中で，良く用いられる線路構造の一つが2導体系線路である．これは，図 3.1.1 に示すように，行きと帰りの2本の線路から構成される分布定数回路である．この2本の導体に交流電源を接続すると，導体間の電圧と導体を流れる電流によって電磁界が生じるが，損失が十分小さくて周囲の空間が均一ならば，その電磁界は TEM 波となって伝搬する．そこで，まず TEM 波について考える．

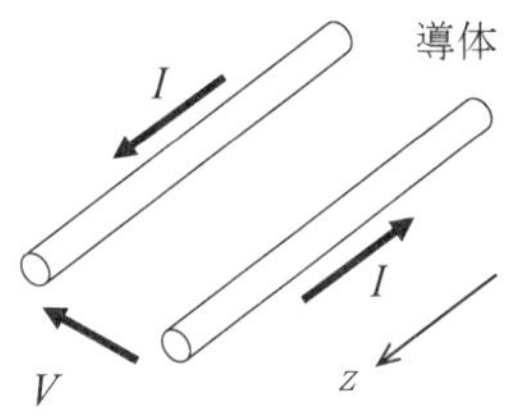

図 3.1.1　2導体系線路

3.1.1　TEM 波の伝搬

電界 $\boldsymbol{E}$，磁界 $\boldsymbol{H}$ はともに z 成分が 0 で，z 方向には伝搬定数 γ で伝搬する，つまり，各成分は z に対して $e^{-\gamma z}$ の依存性を持つとする．したがって，

$$\frac{\partial \boldsymbol{E}}{\partial z}=-\gamma\boldsymbol{E},\ E_z=0,\ \frac{\partial \boldsymbol{H}}{\partial z}=-\gamma\boldsymbol{H},\ H_z=0$$

である．これらの式を，$\boldsymbol{J}$=0 としたマックスウェルの方程式(2.1.1a)および(2.1.1b)に代入すると，各座標軸方向成分から以下の６つの方程式が得られる．

$$\gamma E_y = -j\omega\mu H_x \tag{3.1.1a}$$

$$-\gamma E_x = -j\omega\mu H_y \tag{3.1.1b}$$

$$\frac{\partial E_y}{\partial x} - \frac{\partial E_x}{\partial y} = 0 \tag{3.1.1c}$$

$$\gamma H_y = j\omega\varepsilon E_x \tag{3.1.1d}$$

$$-\gamma H_x = j\omega\varepsilon E_y \tag{3.1.1e}$$

$$\frac{\partial H_y}{\partial x} - \frac{\partial H_x}{\partial y} = 0 \tag{3.1.1f}$$

(3.1.1a)，(3.1.1e)から，TEM 波の伝搬定数 γ が以下の関係式で導かれる．

$$\gamma^2 = -\omega^2 \varepsilon\mu \tag{3.1.2}$$

この式から γ は純虚数となることがわかる．そこで，$\gamma = j\omega\sqrt{\varepsilon\mu}$ とすると，位相定数 β は，平面波の場合と同じく，

$$\beta = \omega\sqrt{\varepsilon\mu} \tag{3.1.3}$$

と表される．また，γ の代わりに$-\gamma$ を代入しても方程式は成立するので，分布定数回路の場合と同様に，$+z$ 方向と$-z$ 方向に伝搬する２つの波が存在することがわかる．伝搬方向に垂直な xy 面内での微分演算子ナブラ $\nabla_t = \boldsymbol{e}_x \dfrac{\partial}{\partial x} + \boldsymbol{e}_y \dfrac{\partial}{\partial y}$ を定義すると，(3.1.1c)，(3.1.1f)の２つの式は

$$\nabla_t \times \boldsymbol{E} = 0 \tag{3.1.4a}$$

$$\nabla_t \times \boldsymbol{H} = 0 \tag{3.1.4b}$$

と書くことができる．このように，xy 面内において，回転(rotation)が 0 となるということは，ベクトルの性質より $\boldsymbol{E}, \boldsymbol{H}$ は xy 面内のあるスカラー関数 ϕ_e，ϕ_m を用いて，

$$-\nabla_t \phi_e = \boldsymbol{E} \tag{3.1.5a}$$

$$-\nabla_t \phi_m = \boldsymbol{H} \tag{3.1.5b}$$

と表現できることを示している．上の式をマックスウェルの方程式(2.1.1c)，(2.1.1d)に代入してみる．ここで空間電荷は考えないので ρ=0 として，ϕ_e，ϕ_m は以下のラプラスの方程式を満たすことがわかる．

$$\nabla_t^2 \phi_e = 0 \tag{3.1.6a}$$

$$\nabla_t^2 \phi_m = 0 \tag{3.1.6b}$$

このことは，ϕ_e，ϕ_m は断面内における２次元の静電界，静磁界ポテンシャルと考えて良く，(3.1.5)にあるようにそれらの勾配(gradient)で求められるベクトル $\boldsymbol{E}$，$\boldsymbol{H}$ は，断面内の静電界分布，静磁界分布を表していることになる．$\boldsymbol{E}$，$\boldsymbol{H}$ は複素振幅であるので，実際の電界，磁界ベクトルは，時間と伝搬による位相変化を与える複素数 $e^{j(\omega t-\beta z)}$ をかけることで表される．したがって，TEM 波の電界，磁界分布は，断面内のある静電界分布，静磁界分布を振幅として位相定数 $\beta=\omega\sqrt{\varepsilon\mu}$ で伝搬する波であるといえる．また，波の電磁界分布を求めるには，２本の線路間に直流電圧を印加した時の静電界分布 $\boldsymbol{E}$，および，導体線路に直流電流を流した時の静磁界分布 $\boldsymbol{H}$ を求めれば良い．図 1.2.1(b)で示される分布定数回路の等価回路表現に出てくる C や L についても，直流での単位長あたりの容量とインダクタンスに対応する．

3.1.2　平行平板線路

最も理解しやすい２導体系線路の例として，図 3.1.2 に示すような，２枚の対向する平行平板の導体からなる無損失の線路を考えてみよう．この線路の幅 w は間隔 h に比べて十分大きく，内部の電界，磁界は均一であるとする．いま，図のように上部導体板に V_0 の電圧が印加され，大きさ I_0 の電流が流れているとすると，導体板間の電磁界は明らかに，

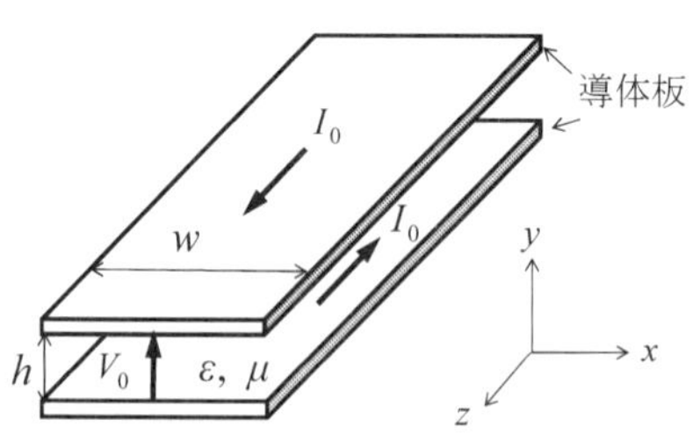

図 3.1.2　平行平板伝送路

$$\boldsymbol{E}=\left(0,\ -\frac{V_0}{h},\ 0\right) \tag{3.1.7a}$$

$$\boldsymbol{H}=\left(\frac{I_0}{w},\ 0,\ 0\right) \tag{3.1.7b}$$

である．単位長あたりの容量 C，および，インダクタンス L は，

$$C=\varepsilon\frac{w}{h} \tag{3.1.8a}$$

$$L=\mu\frac{h}{w} \tag{3.1.8b}$$

であるので，(1.2.13)～(1.2.15)の関係式を用いることにより，特性インピーダンス Z_0，位相定数 β，位相速度 v_p は以下のように表すことができる．

$$Z_0=\sqrt{\frac{L}{C}}=\sqrt{\frac{\mu}{\varepsilon}}\frac{h}{w} \tag{3.1.9a}$$

$$\beta=\omega\sqrt{LC}=\omega\sqrt{\varepsilon\mu} \tag{3.1.9b}$$

$$v_p=\frac{\omega}{\beta}=\frac{1}{\sqrt{LC}}=\frac{1}{\sqrt{\varepsilon\mu}} \tag{3.1.9c}$$

これらの式からわかるように，Z_0 は幾何学的構造に依存するが，β，v_p は幾何学的構造には依存せず，周波数が既知であるとすると，媒質の ε と μ だけで決まることがわかる．また，

$$Z_0=\sqrt{\frac{L}{C}}=\frac{1}{v_pC}=v_pL \tag{3.1.10}$$

となるので，v_p，L，C の内，どれか２つがわかれば，Z_0 が求められる．また，誘電体は比透磁率が１であることから，媒質の比誘電率を ε_r とすると，

$$Z_0=\frac{\sqrt{\varepsilon_r}}{cC}=\frac{cL}{\sqrt{\varepsilon_r}} \tag{3.1.11a}$$

$$\beta=\omega\sqrt{\varepsilon_r\varepsilon_0\mu_0}=\beta_0\sqrt{\varepsilon_r} \tag{3.1.11b}$$

$$v_p=\frac{1}{\sqrt{\varepsilon_r\varepsilon_0\mu_0}}=\frac{c}{\sqrt{\varepsilon_r}} \tag{3.1.11c}$$

とも表すことができる．ここで，β_0 と c は，それぞれ，真空中の平面波の位相定数と位相速度である．これらの式を使えば，ε_r と C を使って各線路定数を求めることができる．また，周波数が既知であれば，位相定数や位相速度は $\sqrt{\varepsilon_r}$ だけで決まることがわかる．このことは，ε_r が線路の伝搬特性を表す量として用いることができることを示している．

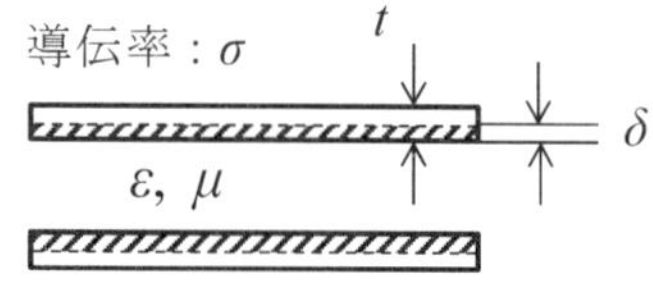

図 3.1.3　表皮効果による電流分布

つぎに，線路の損失を求めてみる．一般的に使われる２導体系線路の損失は導体を流れる電流によるジュール熱損失でほぼ決まり，媒質の誘電損による損失の影響は小さい．そこで，並列コンダクタンス G を無視し，導体損による単位長当たりの直列抵抗 R を求めることで，線路の減衰定数 α を近似的に算出することを試みる．第２章の説明より，導体中の電磁波では，表皮効果により表面の厚さ δ 程度の部分にのみ電磁界や電流が存在することを学んだ．したがって，図 3.1.3 のように，電流は導体板の内側の厚さ δ の断面内だけに流れていると考える．ただし，導体板の厚さ t は δ よりも十分大きいものとする．

(2.4.9) より，単位表面積に I の電流が流れているときの消費電力を求めることができる．図 3.1.2 の平行平板線路では，$I_0=wI$ で，単位長あたりに電流の流れている表面積は $w\times 1$ なので平行平板線路の単位長あたりの消費電力 P は導体の表面抵抗を Rs を用いて，

$$P = 2\times\frac{wI^2}{2\delta\sigma} = 2\times\frac{wRs}{2}\left(\frac{I_0}{w}\right)^2 = \frac{Rs\,I_0^2}{w} \tag{3.1.12}$$

ここで，２倍しているのは２枚の導体板の損失を足しているからである．そして，R と I_0 の関係式

$$P = \frac{1}{2}RI_0^2 \tag{3.1.13}$$

を用いると R は，

$$R = \frac{2Rs}{w} = \frac{2}{\sigma\delta w} \tag{3.1.14}$$

と求まる．一般的な２導体系線路において，損失のある場合の γ の式(1.2.3)に，(3.1.14)と G=0 を代入すると，

$$\gamma = \sqrt{(R + j\omega L)j\omega C} = j\omega\sqrt{LC}\left(1 - j\frac{R}{\omega L}\right)^{\frac{1}{2}} \tag{3.1.15}$$

ここで, 損失は十分小さくて $R \ll \omega L$ であるとすると, 以下の近似が成り立つ.

$$\gamma = \alpha + j\beta \approx j\omega\sqrt{LC}\left(1 - j\frac{R}{2\omega L}\right) = \frac{R}{2}\sqrt{\frac{C}{L}} + j\omega\sqrt{LC} \tag{3.1.16}$$

したがって，G=0 で損失の小さな２導体系線路の減衰定数と位相定数は,

$$\alpha \approx \frac{R}{2}\sqrt{\frac{C}{L}} = \frac{1}{2}\frac{R}{Z_0} \tag{3.1.17a}$$

$$\beta \approx \omega\sqrt{LC} = \omega\sqrt{\varepsilon\mu} \tag{3.1.17b}$$

となる．平行平板線路の場合も同様に，近似的に β は上の式で表され，α は(3.1.17a) と(3.1.14)より，

$$\alpha \approx \frac{Rs}{wZ_0} = \frac{Rs}{h}\sqrt{\frac{\varepsilon}{\mu}} = \frac{1}{\delta\sigma h}\sqrt{\frac{\varepsilon}{\mu}} \tag{3.1.18}$$

と表される．これらの式より，構造因子としては導体板の間隔 h のみが損失に影響し, h を大きくすれば減衰定数を小さくできることがわかる. ただし, あまり h を大きくすると, TEM 波以外にもこの後で学ぶ TE 波や TM 波が伝搬するようになり，所望の特性が得られなくなるので，概ね，h は伝搬波の波長の 1/2 以下で使用する必要がある.

3.1.3　同軸線路

つぎに，図 3.1.4 に示すような，円筒形で同心円状に配置された内導体と外導体からなる線路を考える．内導体と

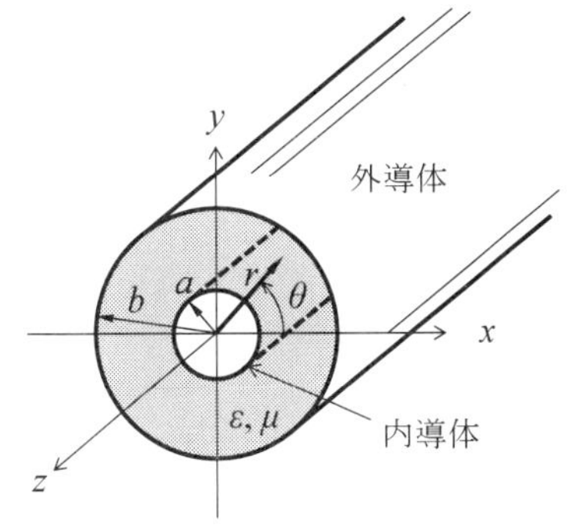

図 3.1.4　同軸線路

外導体の間の部分は誘電率 ε，透磁率 μ とする．この構造の線路は同軸線路と呼ばれ，高周波信号の伝送に非常に良く用いられる実用的な伝送線路である．この線路でも同様に TEM 波が伝搬するので静電界分布を基に伝搬特性を求めてみる．

いま，外導体は 0 で，内導体に V_0 の電圧を印加した場合，中心から r の位置での静電界の大きさは，

$$E = \frac{V_0}{r \log_e \frac{b}{a}}$$

となる．これより，同軸線路の単位長あたりに蓄えられている電気エネルギーは，線路の断面を S とすると，

$$W_m = \frac{1}{2}\varepsilon \int_S E^2 dS = \frac{1}{2}\varepsilon \int_a^b \int_0^{2\pi} E^2 r d\theta dr = \frac{\pi\varepsilon V_0^2}{\log_e \frac{b}{a}} \tag{3.1.19}$$

となる．また，等価回路で考えると，W_m は単位長あたりの並列容量 C を使って，$W_m = CV_0^2/2$ とも書けるので，これらを比較することで，

$$C = \frac{2\pi\varepsilon}{\log_e \frac{b}{a}} \tag{3.1.20}$$

となる．したがって，(3.1.9)と(3.1.10)より，Z_0，β，v_p は以下のようになる．

$$Z_0 = \frac{1}{v_p C} = \frac{\log_e \frac{b}{a}}{2\pi}\sqrt{\frac{\mu}{\varepsilon}} \tag{3.1.21a}$$

$$\beta = \omega\sqrt{\varepsilon\mu} \tag{3.1.21b}$$

$$v_p = \frac{1}{\sqrt{\varepsilon\mu}} \tag{3.1.21c}$$

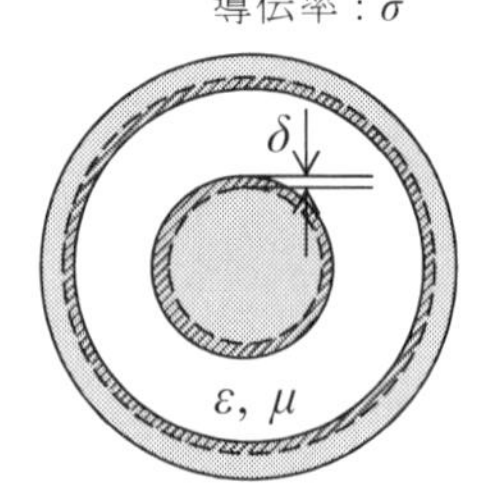

図 3.1.5　表皮効果による電流分布

つぎに，導体表面のジュール損による伝搬波の減衰について考えてみる．図 3.1.5 のように，表皮効果により導体表面より δ の厚さ

の部分に電流が流れているものとし，誘電損は無視する（G=0）．損失は小さいものとして，(3.1.16)と同様の近似を用いて，減衰定数 α を求めてみる．単位長の同軸線路の内導体と外導体の内壁には，それぞれ，単位表面積あたり $I_0/(2\pi a)$，$I_0/(2\pi b)$の電流が，$2\pi a\times 1$，$2\pi b\times 1$ の表面積に流れることになる．したがって，導体の表面抵抗を Rs とすると，この線路の単位長当たりの消費電力 P は，(2.4.9)，(2.4.10)より，

$$P=\frac{Rs}{2}I^2=\frac{2\pi aRs}{2}\left(\frac{I_0}{2\pi a}\right)^2+\frac{2\pi bRs}{2}\left(\frac{I_0}{2\pi b}\right)^2=\frac{Rs\,I_0^2}{4\pi}\left(\frac{1}{a}+\frac{1}{b}\right) \tag{3.1.22}$$

また，(3.1.13)，(3.1.17)より，R と α の近似式は，

$$R=\frac{Rs}{2\pi}\left(\frac{1}{a}+\frac{1}{b}\right) \tag{3.1.23}$$

$$\alpha=\frac{1}{2}\frac{R}{Z_0}=\frac{Rs}{2}\left(\frac{1}{a}+\frac{1}{b}\right)\frac{1}{\log_e\dfrac{b}{a}}\sqrt{\frac{\varepsilon}{\mu}} \tag{3.1.24}$$

と表される．上の式より，同軸線路においても導体の半径を大きくすれば減衰定数を小さくできることがわかる．周波数や用途にもよるが，実際の同軸線路は導体半径が数 mm から大きくて数 cm 程度で作られており，近距離であれば実用上問題のない低損失な高周波信号の伝送が可能である．平行平板線路と同様に，あまり外導体の半径を大きくすると TE 波や TM 波が伝搬してしまうので注意が必要である．

3.1.4　マイクロストリップ線路

図 3.1.6 はストリップ線路，および，マイクロストリップ線路と呼ばれる伝送線路構造である．ともに，誘電体基板と導体とで構成されており，長距離の伝送には不向きであるが，高周波の無線機器などの内部での配線に利用される．とくに，マイクロストリップ線路は，小さなチップ部品を表面に実装した高周波回路基板での配線に非常に適している．さらに，MMIC と呼ばれるマイクロ波ミリ波帯の高周波信号を処理する集積回路の中でも利用される構造であり，微細加工技術を用いることで非常に高精度に作製できる．そこで，ここではマイクロストリップ線路について述べていく．

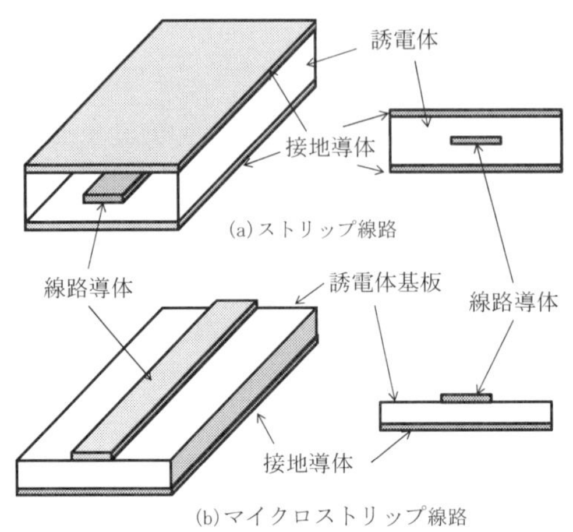

図 3.1.6　ストリップ線路とマイクロストリップ線路

ストリップ線路では TEM 波が伝搬するが，マイクロストリップ線路を伝搬する波は厳密には TEM 波ではない．しかし，近似的に TEM 波の伝搬を仮定しても問題はない．そこで，マイクロストリップ線路を伝搬する TEM 波の特性インピーダンスと位相定数について考えてみる．まず，マイクロストリップ線路の線路幅 w が基板厚 h に比べて十分大きく，線路両端での電磁界の乱れを無視すれば，平行平板伝送路と同様に考えることができ，(3.1.9)を使いて基板の比誘電率で伝搬定数を表すことができる．しかし，一般的なマイクロストリップ線路ではこの近似は誤差が大きい．なぜならば，マイクロストリップ線路では図 3.1.7 に示すように電界の一部が空気中にも広がっているので，伝搬波の感じる比誘電率は基板のそれよりも小さくなるからである．そこで，等価的な比誘電率 ε_{eff} を定義し，平行平板伝送路で用いていた ε_r

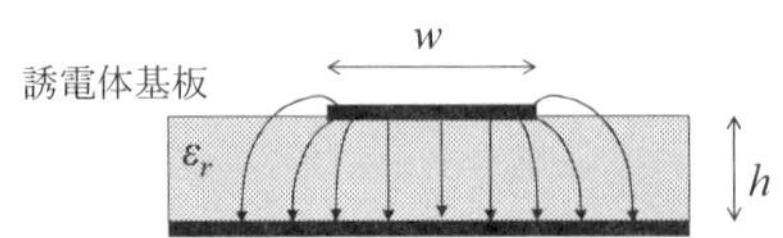

図 3.1.7　マイクロストリップ線路での電界分布

の代わりに用いることを考える．その場合，$1<\varepsilon_{eff}<\varepsilon_r$となり，位相定数と位相速度は，

$$\beta=\beta_0\sqrt{\varepsilon_{eff}} \tag{3.1.25a}$$

$$v_p=\frac{c}{\sqrt{\varepsilon_{eff}}} \tag{3.1.25b}$$

と表される．導体損失を無視し，導体の厚さは十分に薄いとしたときに利用できるε_{eff}と特性インピーダンスZ_0を表す近似式を以下に示す．[1)]

$$\varepsilon_{eff}=\frac{\varepsilon_r+1}{2}+\frac{\varepsilon_r-1}{2}\left(\frac{1}{\sqrt{1+12h/w}}\right) \tag{3.1.26}$$

$$Z_0=\begin{cases}\dfrac{60}{\sqrt{\varepsilon_{eff}}}\log_e\left(\dfrac{8h}{w}+\dfrac{w}{4h}\right) & w/h\le 1\\ \dfrac{120\pi}{\sqrt{\varepsilon_{eff}}\left\{w/h+1.393+0.667\log_e\left(w/h+1.444\right)\right\}} & w/h\ge 1\end{cases} \tag{3.1.27}$$

これらの式を用いるとマイクロストリップ線路の伝搬特性を近似的に求めることが可能である. ただし, 導体膜厚が厚い場合や損失が大きい場合, また, 基板の比誘電率が非常に大きい場合などには誤差が大きくなる．最近では電磁界解析ソフトがよく利用されてきているので，実際に電磁界分布を数値解析で求め, それを基に伝搬定数と特性インピーダンスを求めることもできる.

マイクロストリップ線路の伝搬損失については，線路幅wの平行平板線路のそれと等しいと考えることで，近似的に減衰定数αを算出することができる．具体的には，(3.1.27)で求めたZ_0を(3.1.18)に代入することでαの近似値が求まる．

3.2　金属中空導波管

3.2.1　矩形導波管

つぎに，2導体系線路に代わって，図3.2.1に示す長方形の断面を持つ金属

中空矩形導波管について考える．これは，内部が中空の金属構造体であるためサイズや重量が大きく，簡単に折り曲げることもできないため取り扱いが面倒ではあるが，一方で，損失が少なく，大電力の電磁波を伝搬させることができる利点がある．そのため，２導体系線路では損失が問題となりやすいミリ波などの超高周波回路や，大電力を扱う放送局などで利用されている．

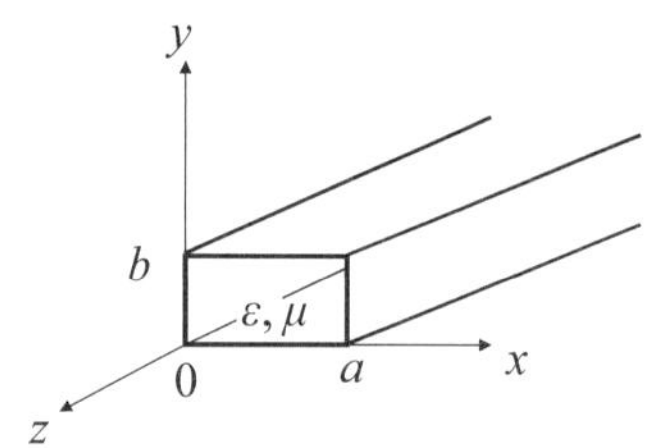

図 3.2.1　矩形導波管

金属中空導波管では，TE，TM 波が伝搬するので伝搬特性は複雑である．ここでは，内部の誘電率 ε，透磁率 μ の矩形導波管の電磁界分布および伝搬特性を求めていく．金属中空矩形導波管の断面を $a \times b$ $(a \geqq b)$とし，伝搬方向を z とする．先に述べたように，中空導波管中は，TE 波，および，TM 波が伝搬するので，これらの波の性質を考えるのであるが，まずはじめに，TE 波，TM 波の区別をせずに，$\boldsymbol{E}$，$\boldsymbol{H}$ が z 方向に伝搬する場合の一般的な電磁界分布を考える．つまり，以下の通り，各電磁界ベクトルの全成分は，z に対しては $e^{-\gamma z}$ の依存性を持つことを条件としてみる．したがって，

$$\frac{\partial \boldsymbol{E}}{\partial z} = -\gamma \boldsymbol{E},\ \frac{\partial \boldsymbol{H}}{\partial z} = -\gamma \boldsymbol{H} \tag{3.2.1}$$

の関係式が成立する．これらの式をマックスウェルの方程式(2.1.1a)に代入すると，各軸方向成分から以下の３つの方程式が得られる．

$$\frac{\partial E_z}{\partial y} + \gamma E_y = -j\omega\mu H_x \tag{3.2.2a}$$

$$-\gamma E_x - \frac{\partial E_z}{\partial x} = -j\omega\mu H_y \tag{3.2.2b}$$

$$\frac{\partial E_y}{\partial x} - \frac{\partial E_x}{\partial y} = -j\omega\mu H_z \tag{3.2.2c}$$

同様に，(3.2.1) の関係式を(2.1.1b)に代入し，$\boldsymbol{J}$=0 として整理すると，

$$\frac{\partial H_z}{\partial y}+\gamma H_y=j\omega\varepsilon E_x \tag{3.2.2d}$$

$$-\gamma H_x-\frac{\partial H_z}{\partial x}=j\omega\varepsilon E_y \tag{3.2.2e}$$

$$\frac{\partial H_y}{\partial x}-\frac{\partial H_x}{\partial y}=j\omega\varepsilon E_z \tag{3.2.2f}$$

これらの式から，E_z，H_zを用いて，他の成分を表してみると，

$$E_x=\frac{1}{\beta_c^2}\left(-\gamma\frac{\partial E_z}{\partial x}-j\omega\mu\frac{\partial H_z}{\partial y}\right) \tag{3.2.3a}$$

$$E_y=\frac{1}{\beta_c^2}\left(-\gamma\frac{\partial E_z}{\partial y}+j\omega\mu\frac{\partial H_z}{\partial x}\right) \tag{3.2.3b}$$

$$H_x=\frac{1}{\beta_c^2}\left(j\omega\varepsilon\frac{\partial E_z}{\partial y}-\gamma\frac{\partial H_z}{\partial x}\right) \tag{3.2.3c}$$

$$H_y=\frac{1}{\beta_c^2}\left(-j\omega\varepsilon\frac{\partial E_z}{\partial x}-\gamma\frac{\partial H_z}{\partial y}\right) \tag{3.2.3d}$$

ただし，β_cは，

$$\beta_c^2=\gamma^2+\omega^2\varepsilon\mu$$

したがって，伝搬定数γは，

$$\gamma=\sqrt{\beta_c^2-\omega^2\varepsilon\mu} \tag{3.2.4}$$

と表せる．ここでもγの代わりに$-\gamma$を代入しても方程式は成立するので，分布定数回路の場合と同様に，$+z$方向と$-z$方向に伝搬する２つの波が存在することがわかる．

1)　TE 波

これらの式を基にして，まず，TE 波について解いてみる．(3.2.2)と(3.2.3)を用いて，電界の進行方向成分$E_z=0$として，H_zについて解くと以下の式が得られる．

$$\frac{\partial^2 H_z}{\partial x^2}+\frac{\partial^2 H_z}{\partial y^2}+\beta_c^2 H_z=0 \tag{3.2.5}$$

これは，２次元のヘルムホルツ方程式で，変数分離の原理で解けることが知

られている．そこで，H_zをxにのみ依存する関数Xと，yにのみ依存する関数Y，および，zに関する伝搬項$e^{-\gamma z}$の積（$H_z=XYe^{-\gamma z}$）とおいて，(3.2.5)に代入すると，

$$\frac{1}{X}\frac{\partial^2 X}{\partial x^2}+\frac{1}{Y}\frac{\partial^2 Y}{\partial y^2}=-\beta_c^2$$

上の式の左辺第１項, 第２項はそれぞれx, yのみに依存する項で, 右辺はx, yに依存しない定数である．この関係式が常に成り立つためには左辺第１項, 第２項ともに定数でなければならない．それらの定数をそれぞれ$-\beta_x^2$，$-\beta_y^2$とすると，

$$\frac{\partial^2 X}{\partial x^2}+\beta_x^2 X=0 \qquad (3.2.6a)$$

$$\frac{\partial^2 Y}{\partial y^2}+\beta_y^2 Y=0 \qquad (3.2.6b)$$

$$\beta_x^2+\beta_y^2=\beta_c^2=\gamma^2+\omega^2\varepsilon\mu \qquad (3.2.6c)$$

X，Yを実数関数で表すと，H_zの一般解は，

$$H_z=XYe^{-\gamma z}=(A\sin\beta_x x+B\cos\beta_x x)(C\sin\beta_y y+D\cos\beta_y y)e^{-\gamma z} \qquad (3.2.7)$$

ただし，A，B，C，D は定数である．上の式を(3.2.3)に代入することで，電界E_x，E_yが，

$$E_x=\frac{-j\omega\mu}{\beta_c^2}\beta_y(A\sin\beta_x x+B\cos\beta_x x)(C\cos\beta_y y-D\sin\beta_y y)e^{-\gamma z} \qquad (3.2.8a)$$

$$E_y=\frac{j\omega\mu}{\beta_c^2}\beta_x(A\cos\beta_x x-B\sin\beta_x x)(C\sin\beta_y y+D\cos\beta_y y)e^{-\gamma z} \qquad (3.2.8b)$$

と求まる．つぎに，これらが境界条件を満足するよう各定数を定める．導波管の内壁面は導体であるので，電界の壁面に対する接線方向成分は0でなければならない．そこで，境界条件は，図3.2.1を参考にすると，

$x=0$ および a において，$E_y=0$

$y=0$ および b において，$E_x=0$

である．これら条件から(3.2.7)の各定数は，

$$A=0,\ \ C=0,\quad \beta_x a=m\pi,\quad \beta_y b=n\pi\ \ (m,n\text{は整数}) \qquad (3.2.9)$$

となる．ただし，$m=n=0$ では波が存在し得ないので，m，n は0以上の整数

で，同時に0とはならないものとする．最終的にH_zを表す式は，

$$H_z = A_{mn}\cos\frac{m\pi x}{a}\cos\frac{n\pi y}{b}\,e^{-\gamma z} \tag{3.2.10}$$

A_{mn}は任意の定数である．これを，式(3.2.3)に代入することによって，各電磁界成分は以下のように求められる．

$$E_x = \frac{j\omega\mu n\pi}{\beta_c^2 b}A_{mn}\cos\frac{m\pi x}{a}\sin\frac{n\pi y}{b}\,e^{-\gamma z} \tag{3.2.11a}$$

$$E_y = -\frac{j\omega\mu m\pi}{\beta_c^2 a}A_{mn}\sin\frac{m\pi x}{a}\cos\frac{n\pi y}{b}\,e^{-\gamma z} \tag{3.2.11b}$$

$$H_x = \frac{\gamma m\pi}{\beta_c^2 a}A_{mn}\sin\frac{m\pi x}{a}\cos\frac{n\pi y}{b}\,e^{-\gamma z} \tag{3.2.11c}$$

$$H_y = \frac{\gamma n\pi}{\beta_c^2 b}A_{mn}\cos\frac{m\pi x}{a}\sin\frac{n\pi y}{b}\,e^{-\gamma z} \tag{3.2.11d}$$

$E_z=0$であるので，これで電界磁界の全ての成分が求まった．

つぎに，伝搬定数γを求めてみる．(3.2.9)と(3.2.6c)より，

$$\beta_c^2 = \left(\frac{m\pi}{a}\right)^2 + \left(\frac{n\pi}{b}\right)^2 \tag{3.2.12}$$

これを(3.2.4)に代入することで，

$$\gamma = \sqrt{\left(\frac{m\pi}{a}\right)^2 + \left(\frac{n\pi}{b}\right)^2 - \omega^2\varepsilon\mu} \tag{3.2.13}$$

となる．これらの結果から，導波管内の伝搬波である TE 波は，整数 m，n の組み合わせにより，様々な電磁界分布を持つ波が存在し得ること，また，それらの波の伝搬定数もそれぞれ異なることがわかった．このような波を区別するためにTE_{mn}波と表記する．ただし，m，nは0以上の整数で，同時に0にならないすべての組み合わせを取り得る．

2)　TM 波

同様に，TM 波について考えてみる．$H_z=0$として(3.2.2)と(3.2.3)を用いて，E_zについて解くと以下の式が得られる．

$$\frac{\partial^2 E_z}{\partial x^2} + \frac{\partial^2 E_z}{\partial y^2} + \beta_c^2 E_z = 0 \tag{3.2.14}$$

この式は，TE 波での H_z に関する方程式(3.2.5)と全く同じ形なので，E_z の一般解は(3.2.7)より，A，B，C，D を定数として，

$$E_z = (A\sin\beta_x x + B\cos\beta_x x)(C\sin\beta_y y + D\cos\beta_y y)e^{-\gamma z} \tag{3.2.15}$$

となることがわかる．ただし，

$$\beta_x^2 + \beta_y^2 = \beta_c^2 = \gamma^2 + \omega^2\varepsilon\mu \tag{3.2.16}$$

である．ここで，E_z は導波管内壁に平行であるため，導波管壁では 0 となることから以下の境界条件が成立する．

x=0 および a において，E_z=0

y=0 および b において，E_z=0

この条件より(3.2.15)の各定数は

$$B=0,\ D=0,\quad \beta_x a = m\pi,\quad \beta_y b = n\pi\ \ (m,\ n\text{は整数}) \tag{3.2.17}$$

最終的に E_z を表す式は

$$E_z = B_{mn}\sin\frac{m\pi x}{a}\sin\frac{n\pi y}{b}e^{-\gamma z} \tag{3.2.18}$$

ただし，B_{mn} は任意の定数である．(3.2.18)では，m，n が一方でも 0 になれば E_z≡0 となり波として存在し得ないので，TM 波においては，m，n はともに 1 以上の整数である．これを，(3.2.3)に代入することによって，以下の通り，TE 波の時と同様に電界磁界の各方向成分を求めることができる．

$$E_x = -\frac{\gamma m\pi}{\beta_c^2 a}B_{mn}\cos\frac{m\pi x}{a}\sin\frac{n\pi y}{b}e^{-\gamma z} \tag{3.2.19a}$$

$$E_y = -\frac{\gamma n\pi}{\beta_c^2 b}B_{mn}\sin\frac{m\pi x}{a}\cos\frac{n\pi y}{b}e^{-\gamma z} \tag{3.2.19b}$$

$$H_x = \frac{j\omega\varepsilon n\pi}{\beta_c^2 b}B_{mn}\sin\frac{m\pi x}{a}\cos\frac{n\pi y}{b}e^{-\gamma z} \tag{3.2.19c}$$

$$H_y = -\frac{j\omega\varepsilon m\pi}{\beta_c^2 a}B_{mn}\cos\frac{m\pi x}{a}\sin\frac{n\pi y}{b}e^{-\gamma z} \tag{3.2.19d}$$

伝搬定数 γ は，(3.2.4)，(3.2.17)より TE 波と全く同じ(3.2.13)が得られる．TM 波についても，整数 m，n の組み合わせにより，様々な電磁界分布を取る波が存在し得ること，また，伝搬定数もそれぞれ異なることがわかった．これらの波を TM_{mn} 波と表記する．ただし，m，n はともに 1 以上の整数の組み

合わせとなる．

代表的な伝搬波の電界，磁界分布を図 3.2.2 に示す．特に，最も基本的な TE_{10} 波と，導波管分岐回路などでも使用される場合がある TE_{20} 波に関しては，矩形導波管を 1,2,3 の面で切り取った断面内の電磁界分布と，さらに，電界強度の等しい面を立体的に描いた図も示している．それ以外の比較的次数の低い波のいくつかについて，*xy* 面内の電磁界分布のみを示した．これらの分布は，実際には時間とともに *z* 方向に移動していくことになる．

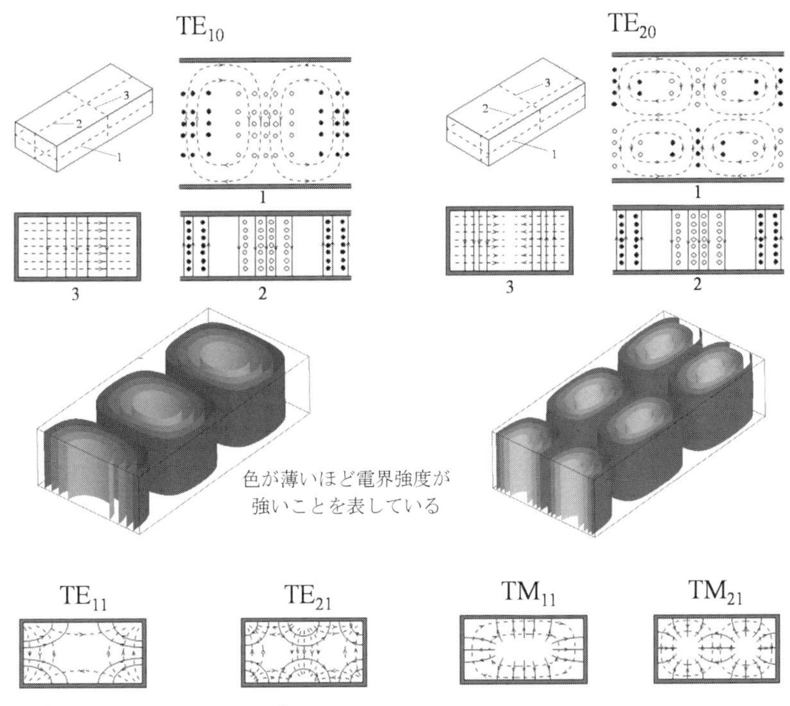

図 3. 2. 2　矩形導波管の伝搬波の電磁界分布
実線：電界，破線：磁界

3.2.2　遮断と伝搬モード

導波管内では，２つの整数 m，n の組み合わせで決まる電磁界分布を持つ伝搬波が，それぞれの伝搬定数で伝搬することがわかった．このように，ある決まった電磁界分布を維持して伝搬する波やそのような状態のことをモードと呼び，モードを区別するときは TE_{mn} モード，TM_{mn} モードなどと表す．整数 m, n はモード次数と呼び，あるモードの波を生じさせることをモードを励振するという．今後，様々な場面でモードの概念が出てくるので，ここで，その意味を良く理解しておくことが重要である．

1)　遮断周波数と遮断波長

つぎに，中空導波管内の波の伝搬について詳しく考えてみる．先にも述べたように，中空矩形導波管内の波の伝搬定数は，

$$\gamma = \sqrt{\left(\frac{m\pi}{a}\right)^2 + \left(\frac{n\pi}{b}\right)^2 - \omega^2 \varepsilon\mu} \tag{3.2.13}$$

である．この式の平方根の中が 0 となる ω を ω_c とおくと，

$$\omega_c = \frac{1}{\sqrt{\varepsilon\mu}} \sqrt{\left(\frac{m\pi}{a}\right)^2 + \left(\frac{n\pi}{b}\right)^2} = \frac{\beta_c}{\sqrt{\varepsilon\mu}} \tag{3.2.20}$$

となり，ω が変化すると，ω_c を境に γ は実数と虚数との間で変わることがわかる．導波管内の伝搬波の伝搬定数を $\gamma = \alpha_g + j\beta_g$ とすると，$\omega < \omega_c$ では，γ は以下のように実数となり，波は伝搬せずに減衰定数 α_g で減衰する．

$$\alpha_g = \sqrt{\beta_c^2 - \omega^2 \varepsilon\mu} = \sqrt{\left(\frac{m\pi}{a}\right)^2 + \left(\frac{n\pi}{b}\right)^2 - \omega^2 \varepsilon\mu},\ \beta_g = 0 \tag{3.2.21}$$

一方，$\omega > \omega_c$ では γ は純虚数となり，波は減衰せずに位相定数 β_g で伝搬する．

$$\alpha_g = 0,\ \beta_g = \sqrt{\omega^2 \varepsilon\mu - \beta_c^2} = \sqrt{\omega^2 \varepsilon\mu - \left(\frac{m\pi}{a}\right)^2 - \left(\frac{n\pi}{b}\right)^2} \tag{3.2.22}$$

このように，角周波数が ω_c 以下では波が伝搬できないという性質があることが中空金属導波管の大きな特徴である．これは「遮断」あるいは「カットオフ」と呼ばれる現象で，

$$f_c = \frac{\omega_c}{2\pi} = \frac{1}{2\pi\sqrt{\varepsilon\mu}}\sqrt{\left(\frac{m\pi}{a}\right)^2 + \left(\frac{n\pi}{b}\right)^2} \tag{3.2.23}$$

で表される周波数を遮断周波数（または，カットオフ周波数）と呼ぶ．式からわかるように，遮断周波数は導波管の形状とモードの次数に依存している．先に述べたとおり，２導体系線路では TEM 波が伝搬し，直流からすべての周波数の波が伝搬するが，導波管では $f > f_c$ の波しか伝搬できないことが大きく異なる特徴である．

ところで，波の周波数は，波長を用いても間接的に表すことができる．そこで，導波管内と同じ媒質で満たされた無限に広い自由空間を平面波が伝搬したときの波長である自由空間波長 λ を周波数 f の代わりに用いてみる．自由空間での波の位相速度 v_0 は，

$$v_0 = \frac{1}{\sqrt{\varepsilon\mu}} \tag{3.2.24}$$

であるので，周波数 f の波の自由空間波長 λ は，

$$\lambda = \frac{v_0}{f} = \frac{1}{f\sqrt{\varepsilon\mu}} \tag{3.2.25}$$

遮断周波数 f_c に対応する自由空間波長を遮断波長 λ_c と呼ぶと，λ_c は，

$$\lambda_c = \frac{v_0}{f_c} = \frac{2\pi}{\beta_c} = \frac{2\pi}{\sqrt{\left(\frac{m\pi}{a}\right)^2 + \left(\frac{n\pi}{b}\right)^2}} \tag{3.2.26}$$

と表される．この場合，λ_c よりも長い自由空間波長 λ を持つ波が遮断される．

2)　管内波長

自由空間波長に対して，導波管内での波長は管内波長 λ_g と呼ばれ，以下のように表される．

$$\lambda_g = \frac{2\pi}{\beta_g} = \frac{2\pi}{\sqrt{\omega^2\varepsilon\mu - \left(\frac{m\pi}{a}\right)^2 - \left(\frac{n\pi}{b}\right)^2}} \tag{3.2.27}$$

この式を λ と λ_c を用いて変形すると，

$$\lambda_g = \frac{1}{\sqrt{\left(\frac{1}{\lambda}\right)^2 - \left(\frac{1}{\lambda_c}\right)^2}} = \frac{\lambda}{\sqrt{1 - \left(\frac{\lambda}{\lambda_c}\right)^2}} \tag{3.2.28a}$$

また，この式は以下のようにも変形できる．

$$\lambda_g = \frac{\lambda}{\sqrt{1 - \left(\frac{\omega_c}{\omega}\right)^2}} = \frac{\lambda}{\sqrt{1 - \left(\frac{f_c}{f}\right)^2}} \tag{3.2.28b}$$

これらの式から，明らかに，$\lambda_g > \lambda$ である．また，f が f_c よりも十分大きいときは，λ_g は λ に等しくなるが，f が f_c に近づくと λ_g は増加し，$f = f_c$ では λ_g は無限大になることがわかる．

3）基本モードと高次モード

これまで述べたように，TE 波，TM 波は，モード次数 m，n と導波管寸法に応じて，遮断周波数が決まる．表 3.2.1 は，矩形導波管の標準的な形状である a=2b の場合について，各モードの遮断周波数，遮断波長を示している．遮断周波数が最も低い TE_{10} モードを基本モードと呼び，(3.2.26)より遮断波長 λ_c は 2a となる．それ以外のモードは高次モードと呼ぶ．また，

表 3.2.1　矩形導波管の伝搬モード

モード	モード次数		遮断周波数	遮断波長
	m	n	f_c / f_{c10}	$\lambda_c/(2a)$
TE	1	0	1	1
TE	0	1	2	0.5
TE	2	0	2	0.5
TE, TM	1	1	2.24	0.45
TE, TM	2	1	2.83	0.35
TE	3	0	3	0.33
TE, TM	3	1	3.61	0.28
TE	0	2	4	0.25
TE	4	0	4	0.25
TE, TM	1	2	4.12	0.24
TE, TM	2	2	4.47	0.22

$$f_{c_{10}} < f < f_{c_{01}}, f_{c_{20}} \tag{3.2.29}$$

の周波数範囲は，基本モードのみが唯一伝搬可能であり，高次モードがすべて遮断される．このような状態での伝送を単一モード伝送と呼ぶ．導波管では，高次モードが伝搬可能な周波数範囲で信号を伝送しようとすると，複数のモードが同時に励振され,それぞれが異なった位相速度で伝搬してしまう．これをモード分散と呼び，伝送したい信号の波形が乱れ，信号伝送に支障が生じることがある．この問題を回避するために，一般的な導波管では単一モード伝送を行う．したがって，基本的には導波管は(3.2.29)の範囲内の周波数を使用するものと考えて良い．

また，(3.2.13)からもわかるように，導波管では伝搬定数が同じ値を取るモードが複数存在し得る．このように，複数のモードの伝搬定数が等しいことを，それらモードは縮退しているという．

3.2.3　位相速度と群速度

導波管内の伝搬波の位相速度は，

$$v_p = \frac{\omega}{\beta_g} = \frac{\omega}{\sqrt{\omega^2 \varepsilon\mu - \beta_c^2}} \tag{3.2.30a}$$

と表される．(3.2.24)と，$\beta_c{}^2 = \omega_c{}^2 \varepsilon\mu$ の関係を用いると，

$$v_p = \frac{v_0}{\sqrt{1-\left(\frac{\omega_c}{\omega}\right)^2}} = \frac{v_0}{\sqrt{1-\left(\frac{f_c}{f}\right)^2}} = \frac{v_0}{\sqrt{1-\left(\frac{\lambda}{\lambda_c}\right)^2}} \tag{3.2.30b}$$

とも書ける．この式からわかるとおり，明らかに $v_p > v_0$ である．つまり導波管内の伝搬波の位相速度は，自由空間での電磁波の速度よりも必ず大きいということになる．これは，導波管内が空気であれば，v_p は光速を超えるということでもある．一見矛盾しているようにも聞こえるが，第1章で定義した位相速度が単一の周波数の波が途切れずに連続的に伝搬している際に，等位相面の移動する速度であることを思い出して欲しい．波のエネルギーは位相ではなく振幅に依存するものであるので，位相速度で波のエネルギーが伝わる訳ではない．そのため，位相速度以外に，波のエネルギーを伝送する速度

を別に定義する必要がある．

そこで，図 3.2.3 のように，波が振幅変調されたときの振幅変化が移動する速度を考えてみる．既に習ったように，僅かに周波数の異なる２つの波を足し合わせると，その周波数差のうなりが生じることは知られている．そこで，電界振幅が１で角周波数 ω，その時の位相定数 β の波と，振幅が $m/2$ で角周波数が$\pm\varDelta\omega$ だけ異なった２つの波（位相定数も$\pm\varDelta\beta$ だけ異なるとする）とを足し合わせた 3 波の合成波の電界を考えると以下のようになる．

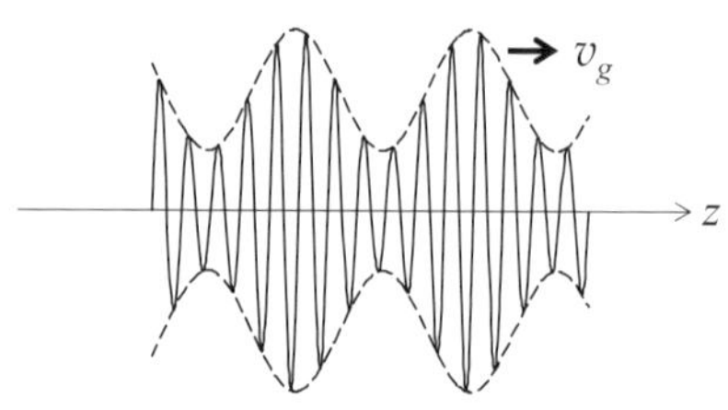

図 3. 2. 3　振幅変調された波の伝搬

$$
\begin{aligned}
E &= \frac{m}{2} e^{j\{(\omega+\varDelta\omega)t-(\beta+\varDelta\beta)z\}} + e^{j(\omega t-\beta z)} + \frac{m}{2} e^{j\{(\omega-\varDelta\omega)t-(\beta-\varDelta\beta)z\}} \\
&= e^{j(\omega t-\beta z)}\left\{1+m\cos\left(\varDelta\omega t-\varDelta\beta z\right)\right\}
\end{aligned}
\tag{3.2.31}
$$

上の式から，この合成波の振幅 $1+m\cos(\varDelta\omega t-\varDelta\beta z)$は，角周波数 $\varDelta\omega$，位相定数 $\varDelta\beta$ で伝搬する波であることがわかる．この振幅変動の波の移動速度を v_g とすると，(1.2.11)の関係より，

$$v_g = \frac{\varDelta\omega}{\varDelta\beta}$$

となる．また，$\varDelta\omega$ が十分小さいとすると，

$$v_g = \frac{\partial\omega}{\partial\beta} = \frac{1}{\dfrac{\partial\beta}{\partial\omega}} \tag{3.2.32}$$

として，微分式で表すことができる．この v_g を波群の移動速度という意味で群速度と呼び，波のエネルギー伝搬速度を表す．実際に，導波管内の伝搬波の群速度を求めてみよう．(3.2.22)と(3.2.32)を用いると，

$$v_g = \frac{1}{\dfrac{\partial\beta_g}{\partial\omega}} = \frac{\sqrt{\omega^2\varepsilon\mu-\beta_c^2}}{\omega\varepsilon\mu} = v_0\sqrt{1-\left(\frac{f_c}{f}\right)^2} = \frac{\beta_g}{\omega}v_0^2 = \frac{v_0^2}{v_p} \tag{3.2.33}$$

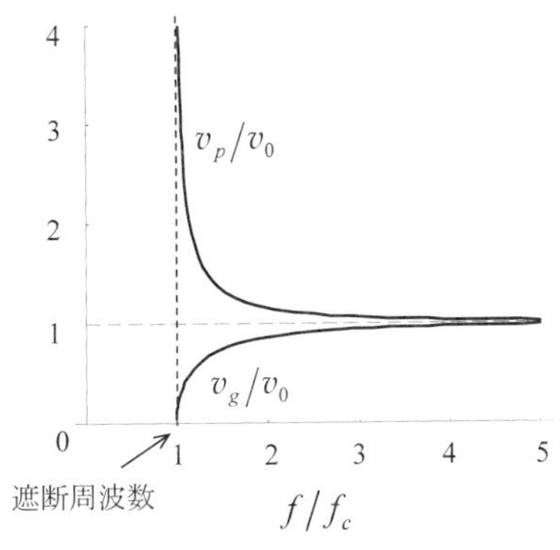

図 3.2.4　v_p と v_g の関係

この式より，位相速度 v_p と群速度 v_g の関係がよくわかる．$v_p > v_0$ であるので，$v_g < v_0$ であることは上の式から証明される．したがって，波のエネルギーの移動速度は必ず v_0 よりも小さいことがわかり，物理法則に矛盾しないことも示された．図 3.2.4 は v_p と v_g の関係をグラフに表したものである．遮断周波数の近くになると，位相速度は無限大に，群速度は 0 に近づく．また，周波数が高くなると，v_p，v_g ともに v_0 に漸近し，自由空間での平面波に近い関係になる．しかし，導波管は先に述べたように，通常単一モード伝送を行い，表 3.2.1 より伝搬波の周波数範囲は遮断周波数の２倍以内なので，v_p と v_g は常に異なっていると考えるべきである．一方，TEM 波では，(3.1.3)と(3.2.32)より，明らかに $v_p = v_g = v_0$ である．したがって，２導体系線路では位相速度と群速度とを区別して考える必要が無いことがわかる．

3.2.4　円形導波管

矩形導波管とともに，断面が円形の導波管も用いられてきた．構造上矩形導波管の方が扱いやすいこともあり，用いられる機会は少ないが，周波数とともに損失が低下する現象が起こるモードが存在するなど興味深い点もある．ここでは図 3.2.5 のように，円筒座標系を用い，断面内を r，θ で表す．(3.2.1)をマックスウェルの方程式(2.1.1a)，(2.1.1b)に代入して整理すると，以下の式が得られる．

$$E_r = \frac{1}{\beta_c^2}\left(-\gamma\frac{\partial E_z}{\partial r} - \frac{j\omega\mu}{r}\frac{\partial H_z}{\partial \theta}\right) \tag{3.2.34a}$$

$$E_\theta = \frac{1}{\beta_c^2}\left(-\frac{\gamma}{r}\frac{\partial E_z}{\partial \theta} + j\omega\mu\frac{\partial H_z}{\partial r}\right) \tag{3.2.34b}$$

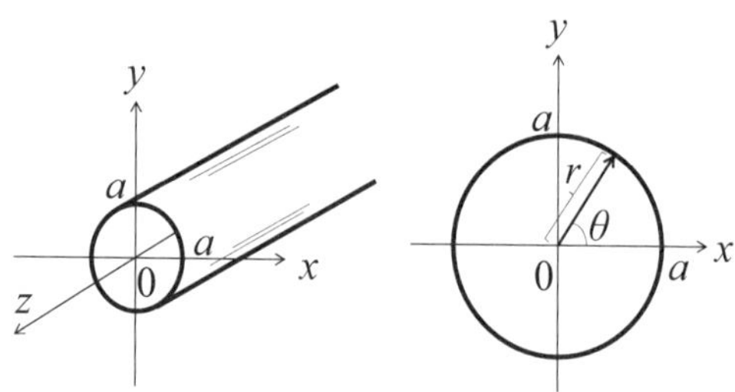

図 3.2.5　円形導波管

$$H_r = \frac{1}{\beta_c^2}\left(\frac{j\omega\varepsilon}{r}\frac{\partial E_z}{\partial \theta} - \gamma\frac{\partial H_z}{\partial r}\right) \tag{3.2.34c}$$

$$H_\theta = \frac{1}{\beta_c^2}\left(-j\omega\varepsilon\frac{\partial E_z}{\partial r} - \frac{\gamma}{r}\frac{\partial H_z}{\partial \theta}\right) \tag{3.2.34d}$$

ただし，

$$\beta_c^2 = \gamma^2 + \omega^2\varepsilon\mu$$

である．

1)　TE 波

まず，TE 波について考える．上の式で $E_z=0$ として H_zについて解くと，

$$\frac{\partial^2}{\partial r^2}H_z + \frac{1}{r}\frac{\partial}{\partial r}H_z + \frac{1}{r^2}\frac{\partial^2}{\partial \theta^2}H_z + \beta_c^2 H_z = 0 \tag{3.2.35}$$

矩形導波管での解き方にならって，H_zを r だけの関数 R，θ だけの関数 P と伝搬項の積で表し（$H_z=RPe^{-\gamma z}$）変数分離の方法により，上の式を解くと，

$$\frac{1}{R}\frac{\partial^2 R}{\partial r^2} + \frac{1}{rR}\frac{\partial R}{\partial r} + \frac{1}{r^2 P}\frac{\partial^2 P}{\partial \theta^2} + \beta_c^2 = 0 \tag{3.2.36}$$

これは，以下のように整理することができる．

$$\frac{r^2}{R}\frac{\partial^2 R}{\partial r^2} + \frac{r}{R}\frac{\partial R}{\partial r} + r^2\beta_c^2 = -\frac{1}{P}\frac{\partial^2 P}{\partial \theta^2} \tag{3.2.37}$$

ここで，互いに独立な r のみの関数と θ のみの関数が常に等しいとなったので，この関係式が常に成立するためには両辺は定数でなければならない．こ

の定数を β_θ^2 と置き，整理すると，

$$\frac{\partial^2 P}{\partial \theta^2} + \beta_\theta^2 P = 0 \tag{3.2.38a}$$

$$r^2 \frac{\partial^2 R}{\partial r^2} + r\frac{\partial R}{\partial r} + \left(r^2 \beta_c^2 - \beta_\theta^2\right)R = 0 \tag{3.2.38b}$$

となり，r および θ に関する２つの微分方程式が得られる．式(3.2.38a)の一般解は，以下のように表される．

$$P = A\sin\beta_\theta\theta + B\cos\beta_\theta\theta \tag{3.2.39}$$

ここで，円筒座標系の θ の周期性から，m を整数として $P(\theta) = P(\theta \pm 2m\pi)$ である．この関係を満足するには，$\beta_\theta = n$（n は 0 以上の整数）でなければならない．また，断面は回転対称であるので θ の原点は任意に指定できる．いま，A=0 となるように θ の原点を定めるものとすると，

$$P = B\cos n\theta \tag{3.2.40}$$

と簡単化できる．また，式(3.2.38b)の一般解は，

$$R = CJ_n(\beta_c r) + DY_n(\beta_c r) \tag{3.2.41}$$

J_n，Y_n は，それぞれ，n 次の第１種，および，第２種ベッセル関数である．Y_n は r=0 で無限大に発散するので，現実に合わない．したがって，D=0 である．ここで，改めて A を積分定数とすると H_z は，

$$H_z = A\cos n\theta\, J_n(\beta_c r)e^{-\gamma z} \tag{3.2.42}$$

と表すことができる．この式を E_z=0 とともに(3.2.34)に代入することで，電磁界の各成分が求まる．導波管壁面で電界の壁面に平行な成分が 0 である必要があるので，境界条件は，r=a で E_θ=0 である．したがって，

$$J_n'(\beta_c a) = 0 \tag{3.2.43}$$

となる．ただし，$J'_n(x)=dJ_n(x)/dx$ の関係式を利用している．$J'_n(x)$ は x に対する周期関数となるので，上の式は複数の解を持つ．そこで，1 以上の整数 m を用いて p'_{nm} を $J'_n(p'_{nm})$=0 となる m 番目の解であるとすると，(3.2.43)より，

$$\beta_c = \frac{p'_{nm}}{a} \tag{3.2.44}$$

したがって，円形導波管の H_z は，

$$H_z = A\cos n\theta\, J_n\left(\frac{p'_{nm}}{a}r\right)e^{-\gamma z} \tag{3.2.45}$$

と表すことができる．これを(3.2.34)に代入することで各電磁界成分が求まる．また，伝搬定数は $\gamma^2=\beta_c{}^2-\omega^2\varepsilon\mu$ より，

$$\gamma = \sqrt{\left(\frac{p'_{nm}}{a}\right)^2 - \omega^2\varepsilon\mu} \tag{3.2.46}$$

この式からわかるように，円形導波管においても遮断周波数，

$$f_c = \frac{p'_{nm}}{2\pi a\sqrt{\varepsilon\mu}} \tag{3.2.47}$$

が存在し，それ以下の周波数の波は，伝搬定数が実数となり，伝搬できずに遮断されることがわかる．

2)　TM 波

一方，TM 波に関しては，(3.2.34)において，$H_z=0$ として解くと，E_z に関する以下の式が得られる．

$$\frac{\partial^2}{\partial r^2}E_z + \frac{1}{r}\frac{\partial}{\partial r}E_z + \frac{1}{r^2}\frac{\partial^2}{\partial\theta^2}E_z + \beta_c^2 E_z = 0 \tag{3.2.48}$$

これはTE 波における (3.2.35)の H_z を E_z に置き換えたものと全く同じなので，改めて B を積分定数として，

$$E_z = B\cos n\theta\, J_n(\beta_c r)e^{-\gamma z} \tag{3.2.49}$$

ただし，n は 0 以上の整数．境界条件は，$r=a$ で $E_z=0$ であるので $J_n(\beta_c a)=0$ となり，β_c は，

$$\beta_c = \frac{p_{nm}}{a} \tag{3.2.50}$$

ただし，p_{nm} は $J_n(p_{nm})=0$ となる m 番目の解を表す．m は 1 以上の整数である．これにより，

$$E_z = B\cos n\theta\, J_n\left(\frac{p_{nm}}{a}r\right)e^{-\gamma z} \tag{3.2.51}$$

この式を(3.2.34)に代入することによって，電磁界の全て成分が求められる．

伝搬定数は，

$$\gamma=\sqrt{\left(\frac{p_{nm}}{a}\right)^2-\omega^2\varepsilon\mu} \tag{3.2.52}$$

遮断周波数は，

$$f_c=\frac{p_{nm}}{2\pi a\sqrt{\varepsilon\mu}} \tag{3.2.53}$$

と表される．

図 3.2.6 は，円形導波管の主な伝搬モードの電磁界分布を示す．TE_{11} モードは遮断周波数が最も低く，円形導波管での基本モードとなる．

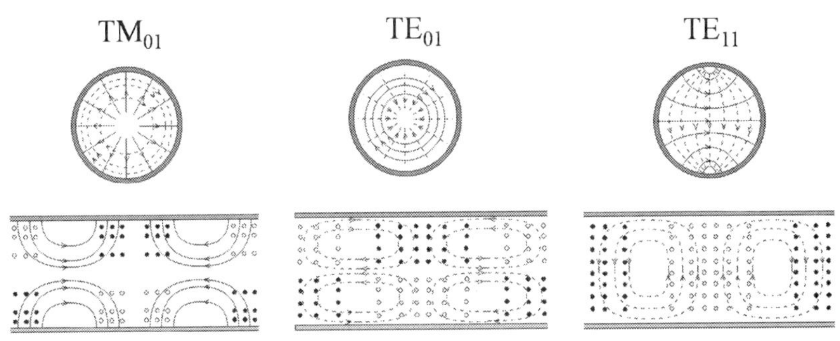

図 3.2.6　円形導波管の主な伝搬モードの電磁界分布
実線：電界，破線：磁界

演習問題

3.1　導体が金属銅（$\sigma=5.8\times10^7$ S/m）からなる幅 w=10mm，間隔 h=1mm の平行平板線路の特性インピーダンス Z_0 と，伝搬波の位相速度 v_p，周波数 1GHz での減衰定数 α を求めよ．ただし，線路の内部は比誘電率 ε_r=4 の誘電体からなり，誘電損は無視できるものとする．

3.2　(3.1.7)では G=0，$R\ll\omega L$ として算出したが，G についても R と同様に，0 ではないが十分小さい($G\ll\omega C$，$R\ll\omega L$)という近似のもとで，減衰定数 α の近似式を導出せよ．

3.3　図 3.1.3 の同軸線路において，内導体に長さ方向に電流 I_0 が流れているとすると，同軸線路内部の半径 r ($a<r<b$) の位置での磁界の大きさは $H = I_0/(2\pi r)$ となる．これを基に線路の単位長さあたりのインダクタンス L を求めよ．また，この L を用いて，特性インピーダンス Z_0，位相速度 v_p，位相定数 γ を求め，(3.1.21)と一致することを確認せよ．

3.4　厚さ h=0.5mm，比誘電率 ε_r=4 の誘電体基板上に線路幅 w=1mm ストリップ導体が形成されたマイクロストリップ線路の特性インピーダンス Z_0 と伝搬波の等価比誘電率 ε_{eff} を求めよ．

3.5　特性インピーダンスが 50Ω のマイクロストリップ線路の単位長あたりの分布容量 C が 100pF であるとすると，この線路の等価比誘電率 ε_{eff}，伝搬波の位相速度 v_p，周波数 1GHz での波長 λ をそれぞれ求めよ．ただし，真空中での光速を 3×10^8 m/s とする．

3.6　２導体系線路においては，位相速度と群速度が一致することを証明せよ．

3.7　(2.1.1)と(3.2.1)とを用いて(3.2.2)を導き出せ．

3.8　(3.2.2)を用いて(3.2.3)を導き出せ．

3.9　a=4cm, b=3cm で内部が空気の中空矩形導波管の単一モード伝搬可能な周波数範囲を求めよ．ただし，空気中での光速を 3×10^8 m/s とする．

3.10　a=5cm, b=2.5cm で内部が空気の中空矩形導波管において，次の問いに答えよ．ただし，空気中での光速を 3×10^8 m/s とする．

1)　基本モードの遮断周波数を求めよ．

2)　周波数 5GHz での基本モードの管内波長 λ_g，位相速度 v_p，群速度 v_g をそれぞれ求めよ．

3)　周波数 7GHz において伝搬可能な全てのモードを求めよ．

参考文献

1)　David M. Pozar, Microwave Engineering, John Wiley and Sons, Inc., 2005.

第4章　高周波回路素子

4.1　2ポート回路網

本節では，互いに独立した 2 つの端子対（1-1'と 2-2'）を有する回路網を取り扱うものとする．ここで取り扱う回路網は，内部電源を含まず，線形で，各端子対においてその一端から回路網に流れ込む電流は他端から回路網を流れ出る電流に等しいとする．以後，この端子対をポートと呼ぶこととし，入力ポート（ポート 1）と出力ポート（ポート 2）を有する 2 ポート回路網の特性を表す各種行列について各行列要素の意味を示すと共に，その特徴も記述している．

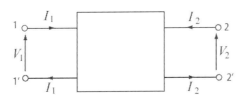

図 4.1.1　2 ポート回路網と電圧，電流

4.1.1　インピーダンス行列

図 4.1.1 に示す 2 ポート回路網について，ポート 1 側の電圧を V_1，ポート 2 側の電圧を V_2，各ポートに流れ込む電流をそれぞれ I_1，I_2 として，これらの電圧電流の関係について考えるものとする．同図のように電圧，電流の向きを定義した場合，2 ポート回路網のインピーダンス行列は次式で与えられる．

$$\begin{bmatrix} V_1 \\ V_2 \end{bmatrix} = \begin{bmatrix} Z_{11} & Z_{12} \\ Z_{21} & Z_{22} \end{bmatrix} \begin{bmatrix} I_1 \\ I_2 \end{bmatrix} \tag{4.1.1}$$

行列演算を行って上式を書き直すと以下の式を得る．

$$V_1 = Z_{11} I_1 + Z_{12} I_2 \tag{4.1.2a}$$

$$V_2 = Z_{21} I_1 + Z_{22} I_2 \tag{4.1.2b}$$

(4.1.2)からインピーダンス行列の各要素について，その意味を考えるものとする．(4.1.2a)において $I_2 = 0$ とすれば，

$$Z_{11} = \left.\frac{V_1}{I_1}\right|_{I_2=0} \tag{4.1.3}$$

となり，Z_{11} は $I_2 = 0$，すなわちポート 2 側を開放した時のポート 1 から見た入力インピーダンスを表している．次に，Z_{12} は，

$$Z_{12} = \left.\frac{V_1}{I_2}\right|_{I_1=0} \tag{4.1.4}$$

で求まることから，ポート 1 側を開放した場合のポート 1 からポート 2 への伝達インピーダンスを表している．以下，同様にして，

$$Z_{21} = \left.\frac{V_2}{I_1}\right|_{I_2=0} \tag{4.1.5}$$

$$Z_{22} = \left.\frac{V_2}{I_2}\right|_{I_1=0} \tag{4.1.6}$$

となり，Z_{21} はポート 2 側を開放した時のポート 2 からポート 1 への伝達インピーダンスを，Z_{22} はポート 1 側を開放した時のポート 2 から見た入力インピーダンスを表していることがわかる．

次に，2 つの 2 ポート回路網を図 4.1.2 に示すように直列に接続してできる新たな 2 ポート回路網のインピーダンス行列を求めることとする．上述した

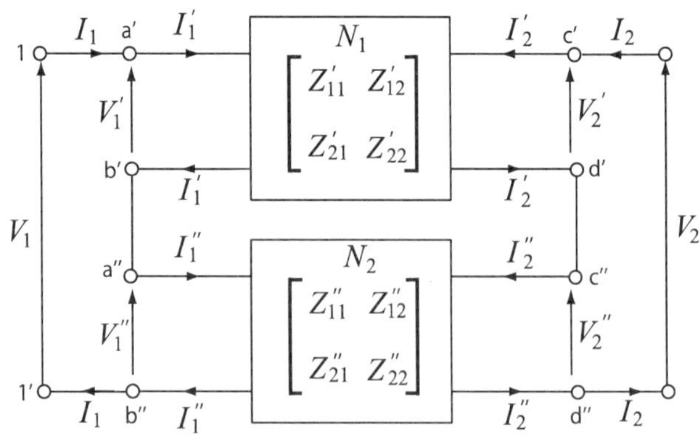

図 4.1.2　2 ポート回路網の直列接続

インピーダンス行列の定義に従えば，2 ポート回路網 N_1，N_2 についてそれぞれ以下の関係が成り立つ．

$$\begin{bmatrix} V_1' \\ V_2' \end{bmatrix} = \begin{bmatrix} Z_{11}' & Z_{12}' \\ Z_{21}' & Z_{22}' \end{bmatrix} \begin{bmatrix} I_1' \\ I_2' \end{bmatrix} \quad (4.1.7a)$$

$$\begin{bmatrix} V_1'' \\ V_2'' \end{bmatrix} = \begin{bmatrix} Z_{11}'' & Z_{12}'' \\ Z_{21}'' & Z_{22}'' \end{bmatrix} \begin{bmatrix} I_1'' \\ I_2'' \end{bmatrix} \quad (4.1.7b)$$

2 つの回路網を直列接続した回路のインピーダンス行列も(4.1.1)と同様に書き表せるため，図 4.1.2 に示す 2 ポート回路網の電圧電流に対して次の関係が得られる．

$$V_1 = V_1' + V_1'' \quad (4.1.8a)$$

$$V_2 = V_2' + V_2'' \quad (4.1.8b)$$

$$I_1 = I_1' + I_1'' \quad (4.1.8c)$$

$$I_2 = I_2' + I_2'' \quad (4.1.8d)$$

上式を使って式を整理すれば，図 4.1.2 の回路網のインピーダンス行列は，元の 2 ポート回路網 N_1，N_2 のインピーダンス行列要素を用いて以下の式で与えられる．

$$\begin{bmatrix} V_1 \\ V_2 \end{bmatrix} = \begin{bmatrix} Z_{11}' + Z_{11}'' & Z_{12}' + Z_{12}'' \\ Z_{21}' + Z_{21}'' & Z_{22}' + Z_{22}'' \end{bmatrix} \begin{bmatrix} I_1 \\ I_2 \end{bmatrix} \quad (4.1.9)$$

よって，2 ポート回路網が直列接続された回路のインピーダンス行列は，各回路網のインピーダンス行列要素の足し合わせで得られることがわかる．

4.1.2　アドミタンス行列

前項は 2 ポート回路網の各ポートの電圧を電流で表示したが，ここではその逆を考え，各ポートの電流を電圧で表すこととする．その関係を式で表せば，

$$I_1 = Y_{11}V_1 + Y_{12}V_2 \quad (4.1.10a)$$

$$I_2 = Y_{21}V_1 + Y_{22}V_2 \quad (4.1.10b)$$

となり，上式を行列表示すれば以下となる．

$$\begin{bmatrix} I_1 \\ I_2 \end{bmatrix} = \begin{bmatrix} Y_{11} & Y_{12} \\ Y_{21} & Y_{22} \end{bmatrix} \begin{bmatrix} V_1 \\ V_2 \end{bmatrix} \quad (4.1.11)$$

アドミタンス行列の各要素についても，インピーダンス行列と同様に考察すれば，

$$Y_{11} = \left.\frac{I_1}{V_1}\right|_{V_2=0} \quad , \qquad Y_{12} = \left.\frac{I_1}{V_2}\right|_{V_1=0} \qquad (4.1.12a, b)$$

$$Y_{21} = \left.\frac{I_2}{V_1}\right|_{V_2=0} \quad , \qquad Y_{22} = \left.\frac{I_2}{V_2}\right|_{V_1=0} \qquad (4.1.12c, d)$$

となり，Y_{11} はポート 2 側を短絡した場合のポート 1 の入力アドミタンス，Y_{12} はポート 1 側を短絡した場合のポート 1 からポート 2 への伝達アドミタンス，Y_{21} はポート 2 側を短絡した場合のポート 2 からポート 1 への伝達アドミタンス，Y_{22} はポート 1 側を短絡した場合のポート 2 の入力アドミタンスを表している．

次に，図 4.1.3 に示すように N_1，N_2 で与えられる 2 つの 2 ポート回路網を並列接続してできる 2 ポート回路網のアドミタンス行列についても考える．前項と同様に，各 2 ポート回路網の電流，電圧の関係をアドミタンス行列で表現すれば，

$$\begin{bmatrix} I_1' \\ I_2' \end{bmatrix} = \begin{bmatrix} Y_{11}' & Y_{12}' \\ Y_{21}' & Y_{22}' \end{bmatrix} \begin{bmatrix} V_1' \\ V_2' \end{bmatrix} \qquad (4.1.13a)$$

$$\begin{bmatrix} I_1'' \\ I_2'' \end{bmatrix} = \begin{bmatrix} Y_{11}'' & Y_{12}'' \\ Y_{21}'' & Y_{22}'' \end{bmatrix} \begin{bmatrix} V_1'' \\ V_2'' \end{bmatrix} \qquad (4.1.13b)$$

と書くことができる．よって，(4.1.11)で示すアドミタンス行列の定義から図

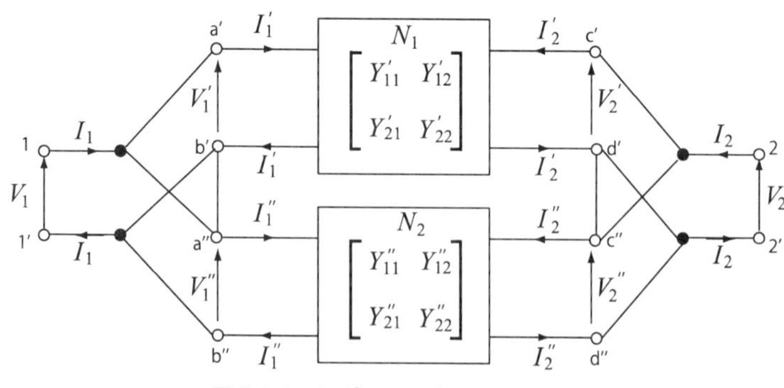

図 4.1.3　2 ポート回路網の並列接続

4.1.3 の 2 ポート回路網のアドミタンス行列の要素には次の関係が得られる．

$$I_1 = I_1^{'} + I_1^{''},\ I_2 = I_2^{'} + I_2^{''} \tag{4.1.14a, b}$$

$$V_1 = V_1^{'} + V_1^{''},\ V_2 = V_2^{'} + V_2^{''} \tag{4.1.14c, d}$$

上式より，2 つの 2 ポート回路を並列接続した回路網のアドミタンス行列は，元の 2 ポート回路網 N_1，N_2 のアドミタンス行列要素を用いて以下の式で与えられる．

$$\begin{bmatrix} I_1 \\ I_2 \end{bmatrix} = \begin{bmatrix} Y_{11}^{'} + Y_{11}^{''} & Y_{12}^{'} + Y_{12}^{''} \\ Y_{21}^{'} + Y_{21}^{''} & Y_{22}^{'} + Y_{22}^{''} \end{bmatrix} \begin{bmatrix} V_1 \\ V_2 \end{bmatrix} \tag{4.1.15}$$

よって，2 ポート回路網が並列接続されている回路網の回路特性を求める場合にはアドミタンス行列を用いると計算が容易になる．

4. 1. 3　F 行列

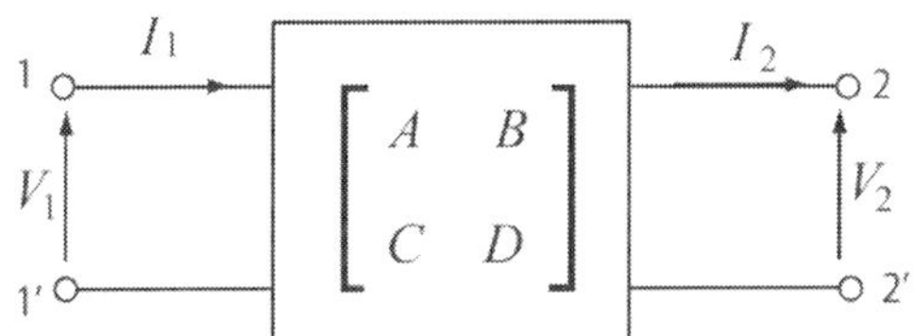

図 4. 1. 4　F 行列の電圧，電流

本項では，2 ポート回路網の特性を表す行列として F 行列について説明する．この F 行列は図 4.1.4 に示すように，その行列要素から ABCD 行列とも呼ばれる．電圧，電流の向きを図 4.1.4 に示すように定義することから，電流の向きが前項で示したインピーダンス行列，アドミタンス行列と異なり，ポート 2 側で回路網から流出する方向となっていることに注意を要する．この回路網の F 行列は以下の式で与えられる．

$$\begin{bmatrix} V_1 \\ I_1 \end{bmatrix} = \begin{bmatrix} A & B \\ C & D \end{bmatrix} \begin{bmatrix} V_2 \\ I_2 \end{bmatrix} \tag{4.1.16}$$

上式を書き直すと次式が得られる．

$$V_1 = AV_2 + BI_2 \tag{4.1.17a}$$

$$I_1 = CV_2 + DI_2 \tag{4.1.17b}$$

F 行列の各要素についても同様に考察すると，

$$A = \left.\frac{V_1}{V_2}\right|_{I_2=0}, \qquad B = \left.\frac{V_1}{I_2}\right|_{V_2=0} \tag{4.1.18a, b}$$

$$C = \left.\frac{I_1}{V_2}\right|_{I_2=0}, \qquad D = \left.\frac{I_1}{I_2}\right|_{V_2=0} \tag{4.1.18c, d}$$

となり，A はポート 2 側を開放した場合の電圧伝達係数，B はポート 2 側を短絡した場合のポート 1 からポート 2 への伝達インピーダンス，C はポート 2 側を開放した場合のポート 2 からポート 1 への伝達アドミタンス，D はポート 2 側を短絡した場合の電流伝達係数を表す．

次に，異なる 2 つの F 行列を有する 2 ポート回路網を図 4.1.5 のように縦続に接続した回路のポート 1-3 間の F 行列について考えることとする．同図より 2 段目回路の入力ポートの電圧電流は，1 段目回路の出力の電圧電流に等しいことから，各段の 2 ポート回路に対して F 行列を記述すれば以下の 2 式を得る．

$$\begin{bmatrix} V_1 \\ I_1 \end{bmatrix} = \begin{bmatrix} A_1 & B_1 \\ C_1 & D_1 \end{bmatrix} \begin{bmatrix} V_2 \\ I_2 \end{bmatrix} \tag{4.1.19a}$$

$$\begin{bmatrix} V_2 \\ I_2 \end{bmatrix} = \begin{bmatrix} A_2 & B_2 \\ C_2 & D_2 \end{bmatrix} \begin{bmatrix} V_3 \\ I_3 \end{bmatrix} \tag{4.1.19b}$$

両式より V_2，I_2 を消去すれば，

$$\begin{bmatrix} V_1 \\ I_1 \end{bmatrix} = \begin{bmatrix} A_1 & B_1 \\ C_1 & D_1 \end{bmatrix} \begin{bmatrix} A_2 & B_2 \\ C_2 & D_2 \end{bmatrix} \begin{bmatrix} V_3 \\ I_3 \end{bmatrix} \tag{4.1.20}$$

が得られる．従って，縦続に接続された 2 ポート回路網の F 行列は各段の F 行列の積で与えられることがわかる．

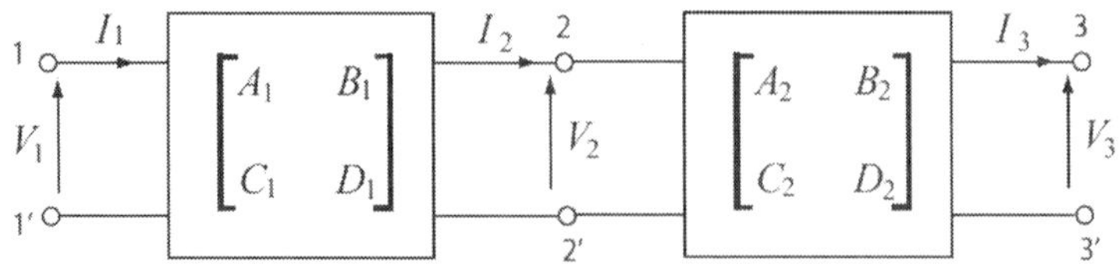

図 4.1.5　縦続接続された 2 ポート回路網

4.1.4　散乱行列

1)　散乱行列の定義

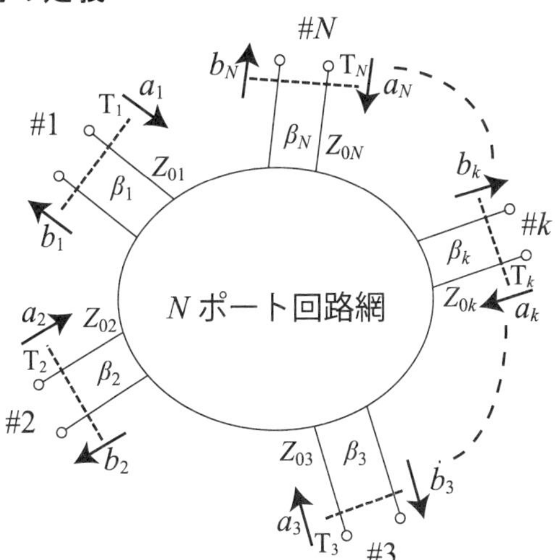

図 4.1.6　Nポート回路網

図 4.1.6 に示すような無損失の N ポート回路網を考えるものとする．各ポートの伝送線路上の電圧と電流は，第 1 章で求めたように入射波と反射波の重ね合わせで表現できることから以下の式で与えられる．

$$V_k(z) = V_{ki}e^{-j\beta_k z} + V_{kr}e^{j\beta_k z} \tag{4.1.21a}$$

$$I_k(z) = \frac{V_{ki}}{Z_{0k}}e^{-j\beta_k z} - \frac{V_{kr}}{Z_{0k}}e^{j\beta_k z} \tag{4.1.21b}$$

上式を用いて伝送線路上の入射波と反射波の電力 P_{ki}，P_{kr} をそれぞれ計算すれば次式を得る．

$$P_{ki} = \frac{1}{2}V_{ki}e^{-j\beta_k z}\left(\frac{V_{ki}e^{-j\beta_k z}}{Z_{0k}}\right)^* = \frac{|V_{ki}|^2}{2Z_{0k}} \tag{4.1.22a}$$

$$P_{kr} = \frac{1}{2}V_{kr}e^{j\beta_k z}\left(\frac{V_{kr}e^{j\beta_k z}}{Z_{0k}}\right)^* = \frac{|V_{kr}|^2}{2Z_{0k}} \tag{4.1.22b}$$

いま，k 番目ポート上の任意の位置に入射波，反射波の参照面（入射波，反射

波の位相の基準面）を仮定して

a_k：k 番目ポートの参照面における正規化入射波振幅

b_k：k 番目ポートの参照面における正規化反射波振幅

を定義し，

$$P_{ki} = \frac{|V_{ki}|^2}{2Z_{0k}} = \frac{1}{2}a_k a_k^* = \frac{1}{2}|a_k|^2 \tag{4.1.23a}$$

$$P_{kr} = \frac{|V_{kr}|^2}{2Z_{0k}} = \frac{1}{2}b_k b_k^* = \frac{1}{2}|b_k|^2 \tag{4.1.23b}$$

となるように正規化すれば，入射波と反射波の各振幅は，

$$a_k = \frac{V_{ki}}{\sqrt{Z_{0k}}}e^{-j\beta_k z} \tag{4.1.24a}$$

$$b_k = \frac{V_{kr}}{\sqrt{Z_{0k}}}e^{j\beta_k z} \tag{4.1.24b}$$

と表される．よって，上式を用いれば，k 番目ポートの電圧電流は以下の式で表されることとなる．

$$V_k(z) = \sqrt{Z_{0k}}(a_k + b_k) \tag{4.1.25a}$$

$$I_k(z) = \frac{1}{\sqrt{Z_{0k}}}(a_k - b_k) \tag{4.1.25b}$$

また，各正規化振幅を電圧，電流で表現すると，

$$a_k = \frac{1}{2}\left(\frac{1}{\sqrt{Z_{0k}}}V_k(z) + \sqrt{Z_{0k}}I_k(z)\right) \tag{4.1.26a}$$

$$b_k = \frac{1}{2}\left(\frac{1}{\sqrt{Z_{0k}}}V_k(z) - \sqrt{Z_{0k}}I_k(z)\right) \tag{4.1.26b}$$

となる．ここで，N ポート回路網のうちの2つのポート間の電圧，電流は線形の関係にあることから，前述の正規化振幅 a_k と b_k も線形であり，これを行列表示すれば，

$$[b]=[S][a] \tag{4.1.27}$$

と書くことができる．ここで，

$$[a]=\begin{bmatrix} a_1 \\ a_2 \\ a_3 \\ \vdots \\ a_N \end{bmatrix} \quad , \quad [b]=\begin{bmatrix} b_1 \\ b_2 \\ b_3 \\ \vdots \\ b_N \end{bmatrix} \tag{4.1.28a, b}$$

$$[S]=\begin{bmatrix} S_{11} & S_{12} & \cdots & S_{1N} \\ S_{21} & S_{22} & \cdots & S_{2N} \\ \vdots & \vdots & \ddots & \vdots \\ S_{N1} & S_{N2} & \cdots & S_{NN} \end{bmatrix} \tag{4.1.28c}$$

となり，上式の$[S]$が散乱行列である．

2)　散乱行列の性質

(1)　物理的な意味と可逆性

図 4.1.6 に示す N ポート回路網において，i 番目ポート以外の全てのポートが整合されているとすれば，

$$a_k = 0 \;, \quad (k \neq i) \tag{4.1.29}$$

であるから，上式を(4.1.27)に代入すれば，

$$b_i = S_{ii}a_i \tag{4.1.30a}$$

$$b_j = S_{ji}a_i \tag{4.1.30b}$$

となることがわかる．ここで，散乱行列要素 S_{ii}，S_{ji} の物理的な意味を(4.1.30)より考えることにする．(4.1.30)より

$$S_{ii} = \left.\frac{b_i}{a_i}\right|_{a_j=0(i\neq j)}$$

である．上式は，i 番目ポート以外の全てのポートを整合させた時の i 番目ポートの反射係数（入射波電圧と反射波電圧の振幅比）を表す．また，

$$S_{ji} = \left.\frac{b_j}{a_i}\right|_{a_j=0(i\neq j)}$$

は i 番目ポート以外の全てのポートを整合させた時の i 番目ポートから j 番目ポートへの透過係数を表している．

また，図 4.1.6 の回路網に非可逆素子が含まれていなければ，散乱行列要素は以下に示す

$$S_{ij} = S_{ji} \tag{4.1.31}$$

の関係を満足し，この性質は可逆性と呼ばれる．

(2)　ユニタリ性

Nポート回路網が無損失であると仮定すると，エネルギー保存の法則から回路網に入射される電力と回路網から出力される電力は等しいため次式が成立しなければならない．

$$\frac{1}{2}\sum_{i=1}^{n}\left(a_i a_i^* - b_i b_i^*\right) = 0 \tag{4.1.32}$$

上式を行列表示すると，

$$[a^*]^t[a]-[b^*]^t[b]=0 \tag{4.1.33}$$

となり，前項の(4.1.27)を代入すれば，

$$[a^*]^t[a]-[a^*]^t[S^*]^t[S][a]=0 \tag{4.1.34}$$

と書くことができる．上式よりS行列に関して以下の関係が導出できることとなる．

$$[S^*]^t[S]=[I] \tag{4.1.35a}$$

$$[S^*]^t=[S]^{-1} \tag{4.1.35b}$$

(4.1.35a)において，$[I]$は単位行列を表し，(4.1.35)の関係を満足する行列をユニタリ行列と呼ぶ．

無損失な回路系を取り扱う場合，扱う回路の散乱行列がユニタリ性を満足しなければならないことに注意を要する．

(3)　参照面の移動

散乱行列を定義するには，図 4.1.6 に示したように各ポートの適当な位置に参照面（基準面）を設定する必要があり，各種回路の解析や測定においては，この参照面を移動することがよく行われる．従って，ここでは図 4.1.7 に示すように，Nポート回路において各ポートの参照面を移動させた場合のS行列を導出することとする．

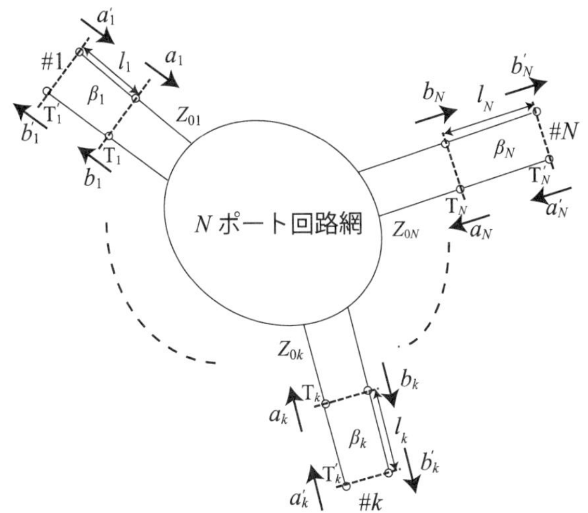

図 4.1.7　散乱行列の参照面の移動

参照面を移動する前の各ポートの正規化入射波振幅と正規化反射波振幅からなる列ベクトルをそれぞれ[a]，[b]，散乱行列を[S]とする．次に，各ポートの参照面をそれぞれ l_k だけ外側（入力側）に移動した新しい参照面での入射波振幅と反射波振幅からなる列ベクトルをそれぞれ[a']，[b']，散乱行列を[S']とすれば，

$$[b]=[S][a] \tag{4.1.36a}$$

$$[b']=[S'][a'] \tag{4.1.36b}$$

と書くことができる．ここで，各伝送線路上での位相角$\beta_k l_k$ を基にした以下の行列

$$[T]=\begin{bmatrix} e^{-j\beta_1 l_1} & 0 & \cdots & 0 \\ 0 & e^{-j\beta_2 l_2} & \cdots & 0 \\ \vdots & \vdots & \ddots & \vdots \\ 0 & 0 & \cdots & e^{-j\beta_N l_N} \end{bmatrix} \tag{4.1.37}$$

を定義すれば，

$$[a]=[T][a'] \tag{4.1.38a}$$

$$[b']=[T][b] \tag{4.1.38b}$$

と書くことができる．(4.1.38b)に(4.1.36a)を代入して，(4.1.38a)の関係を用いれば，

$$[b^{'}]=[T][b]=[T][S][a]= [T][S][T][a^{'}] \tag{4.1.39}$$

の関係を得る．従って，上式と(4.1.36b)を比較することで参照面を移動させた後の回路の散乱行列$[S^{'}]$は，各ポートの各参照面の移動を表す行列$[T]$を用いて，

$$[S^{'}]= [T][S][T] \tag{4.1.40}$$

と書くことができる．

4. 2　回路素子

本節では，ワイヤレス情報通信システムにおいて用いられる基本的な受動回路素子のいくつかを取り上げて説明している．共振回路として集中定数回路で構成される並列／直列共振回路を取り上げ，その共振（角）周波数と Q 値について記述している．また，ワイヤレス情報通信システムに用いられる電力分配／合成回路として 3 ポートならびに 4 ポート回路網の数種の回路素子を取り上げ，その回路構成法と設計法を簡単に説明すると共に，各回路の散乱行列の周波数特性も示している．

4. 2. 1　共振回路

1)　直列/並列共振回路

図 4.2.1 に示すように電源 E に抵抗 R，インダクタンス L，キャパシタン

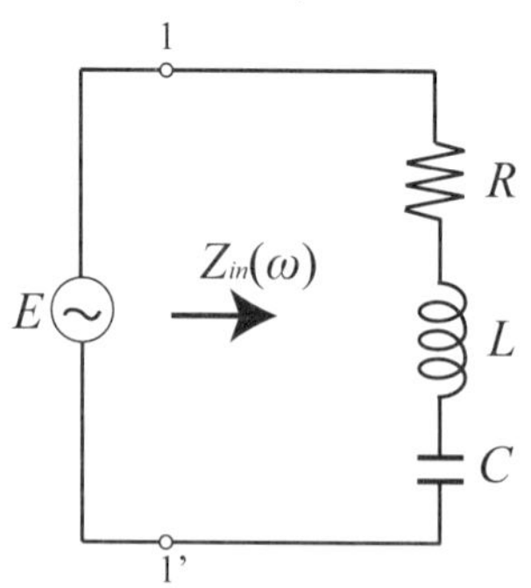

図 4. 2. 1　直列共振回路

ス C が直列に接続された回路を考える．この回路で端子対 1-1'から右側を見た入力インピーダンス $Z_{in}(\omega)$は次式で与えられる．

$$Z_{in}(\omega) = R + j\left(\omega L - \frac{1}{\omega C}\right) \tag{4.2.1}$$

上式で与えられる端子対 1-1'から見た 1 ポート回路の入力インピーダンスが実数となる場合，すなわち Im{ $Z_{in}(\omega)$}=0 となる角周波数 ω_0 $(= 2\pi f_0)$ は共振角周波数と呼ばれる．いま，(4.2.1)より共振角周波数を求めれば，

$$\omega_0^2 = \frac{1}{LC} \tag{4.2.2}$$

となり，共振角周波数における入力インピーダンスは以下の通り実数となる．

$$Z_{in}(\omega_0) = R \tag{4.2.3}$$

次に，直列共振回路と双対の関係にある並列共振回路について考える．図 4.2.2 にその回路を示すが，並列回路であるので上述の入力インピーダンスの代わりに端子対 1-1'から右側を見た入力アドミタンス $Y_{in}(\omega)$を考えるものとする．

$$Y_{in}(\omega) = G + j\left(\omega C - \frac{1}{\omega L}\right) \tag{4.2.4}$$

上式において，$Y_{in}(\omega)$の虚数部が 0 となる条件は次式で与えられる．

$$\omega^2 = \frac{1}{LC} \tag{4.2.5}$$

上式と(4.2.2)を比較してわかるように，直列／並列共振回路に関わらずその共振角周波数は同じになっている．また，直列共振回路と同様に，共振時における入力アドミタンスは，

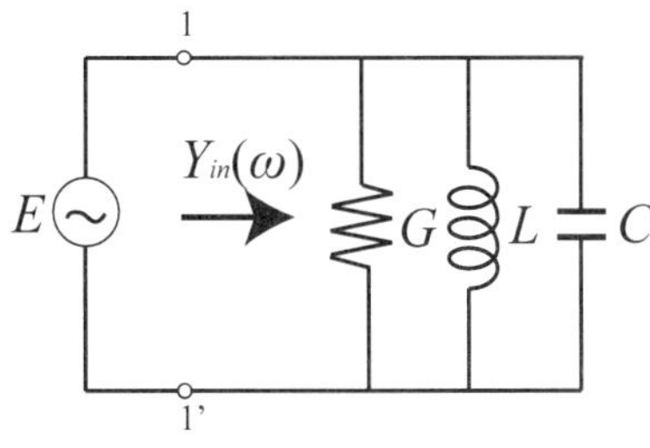

図 4.2.2　並列共振回路

$$Y_{in}(\omega_0) = G \tag{4.2.6}$$

となり，入力アドミタンスはやはり実数となる．

2)　Q値

ここでは，共振回路の性能を表す Q 値について考えることとする．Q 値とは振動系の共振の鋭さを表す指標で，系に蓄えられるエネルギーと1周期の間に失われるエネルギーの比で定義されるが，その導出手法としては，以下に示す4つの方法が考えられる．

・半値幅：共振回路の電圧振幅の周波数特性より，その半値幅 Δf と中心周波数 f_0 との比を用いる．

・エネルギー損失：リアクタンス素子に蓄積される電磁エネルギーが時間的に減衰していく割合から求める．

・位相傾斜：位相の周波数特性より計算する．

・複素傾斜：振幅と位相の両方の周波数特性より計算する．

ここで，複素傾斜を利用して 4.2.1 の 1)で取り扱った直列／並列共振回路の Q 値の導出を行うことにする．

図 4.2.1 の直列共振回路の入力インピーダンスは(4.2.1)で与えられるため，その周波数傾斜はこれを ω で微分することで次式の通り得られる．

$$Z'(\omega) = jL - \frac{1}{j\omega^2 C} \tag{4.2.7}$$

共振条件を上式に代入すれば，

$$Z'(\omega_0) = jL - \frac{1}{j\omega_0^2 C} = j2L \tag{4.2.8}$$

となる．これより Q 値を以下の通り導出することができる．

$$Q = \frac{\omega_0}{2}\left|\frac{Z'(\omega_0)}{Z(\omega_0)}\right| = \frac{\omega_0}{2}\left|\frac{j2L}{R}\right| = \frac{\omega_0 L}{R} \tag{4.2.9}$$

図 4.2.2 の並列共振回路の場合にも，入力アドミタンスより同様に Q 値を導出することができる．入力アドミタンスを ω で微分した次式に，

$$Y'(\omega) = jC - \frac{1}{j\omega^2 L} \tag{4.2.10}$$

共振条件を代入すれば，

$$Y'(\omega_0)=jC-\frac{1}{j\omega_0^2L}=j2C \tag{4.2.11}$$

となる．これより Q 値を以下の通り導出できる．

$$Q=\frac{\omega_0}{2}\left|\frac{Y'(\omega_0)}{Y(\omega_0)}\right|=\frac{\omega_0}{2}\left|\frac{j2C}{G}\right|=\frac{\omega_0C}{G} \tag{4.2.12}$$

3)　空胴共振器

周囲を金属導体壁で囲まれた空胴内に電磁波を励振した場合，電磁界のある特定のモード（姿態）が励起される．このモードは空胴の寸法や形状で決定されることになるが，この現象を共振と呼ぶ．空胴共振器はこの共振現象をデバイスに応用したもので，発振器，フィルタ等に利用されるのみでなく，高周波信号の波長や材料定数の測定などにも用いられ，高周波回路システムにおいて重要な回路要素と考えられる．

空胴共振器としては，矩形導波管や円形導波管の両端を導体板で短絡した図4.2.3のような構造が一般的であるが，同軸線路の両端を短絡したものや，導体円形（楕円）球殻を用いる場合もある．空胴共振器は一般的に高い Q 値をもつことから鋭い共振（選択制）が要求される用途に用いられることが多い．空胴共振器には上述した共振モード（姿態）が無数に存在することから，デバイスとして使用する場合には，使用する共振モードの共振特性（共振周波数，無負荷 Q 値）だけでなく，共振周波数近傍に発生する他の共振モードについても把握しておく必要がある．また，フィルタに応用する場合には高次の共振モードについても考慮する必要があることから，以下では空胴共振器として代表的な矩形導波管ならびに円形導波管型の共振器を取扱い，その構造と共振モードについて記述する．

(1)　空胴共振器の構造と共振モード

図 4.2.3 に矩形空胴共振器と円筒空胴共振器の構造を示す．ここで，矩形空胴共振器は断面の幅を a，高さを b，円筒空胴共振器は，半径 a の円形断面を有し，両共振器ともその長さ方向 l の両端を短絡した構造と考える．これらの構造において共振モードは，3.2 節で述べた様に伝搬方向（z 方向）に電界成分をもたない TE モードと，z 方向に磁界成分をもたない TM モードに分類する

ことができる．共振モード名は各モードに対して TE$_{mnp}$（TM$_{mnp}$）と下付添え字を付加して表現されることが一般的である．3 つの添え字の意味は，矩形空胴共振器の場合，図 4.2.3 (a)に示した直交座標系における x, y, z 方向の界変化の山の数に相当する．円筒空胴共振器の場合には，円筒座標系における r, θ, z 方向の界変化の山の数である．

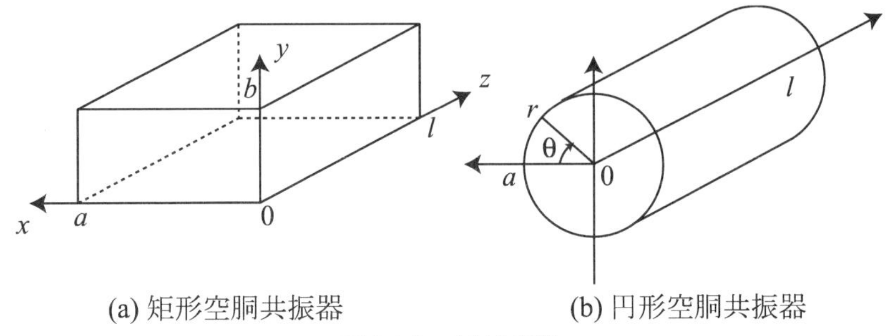

図 4.2.3　空胴共振器

TE，TM モードの共振電磁界は，z 方向の界成分である磁界 H_z または電界 E_z に関するスカラヘルムホルツ方程式から導出できる．一例として矩形空胴共振器の TE$_{mnp}$ モードの共振電磁界の各成分を以下に示す．

$$E_x = \frac{j\omega\mu k_y}{k_c^2} A\cos(k_x x)\sin(k_y y)\sin(k_z z) \tag{4.2.13a}$$

$$E_y = \frac{-j\omega\mu k_x}{k_c^2} A\sin(k_x x)\cos(k_y y)\sin(k_z z) \tag{4.2.13b}$$

$$E_z = 0 \tag{4.2.13c}$$

$$H_x = \frac{-k_x k_z}{k_c^2} A\sin(k_x x)\cos(k_y y)\cos(k_z z) \tag{4.2.14a}$$

$$H_y = \frac{-k_y k_z}{k_c^2} A\cos(k_x x)\sin(k_y y)\cos(k_z z) \tag{4.2.14b}$$

$$H_z = A\cos(k_x x)\cos(k_y y)\sin(k_z z) \tag{4.2.14c}$$

ここで，A は各電磁界成分の振幅，k_x，k_y，k_z はそれぞれ x，y，z 方向への波数を表しており，以下の式で与えられる．

$$k_x = \frac{m\pi}{a} \quad , \quad k_y = \frac{n\pi}{b} \quad , \quad k_z = \frac{p\pi}{l} \tag{4.2.15}$$

$$k_c^2 = k_x^2 + k_y^2 \tag{4.2.16}$$

(4.2.13)と(4.2.14)より同一方向の電界と磁界の式を比較すると，それらの比には$\pm j$ の係数が含まれることから電界と磁界には$\pi/2$ の位相差が存在することがわかる．また，空間的な観察を行えば，電界と磁界との間には空間的にも$\pi/2$ の位相差が存在し，電界が最大（最小）の点では磁界が最小（最大）となる．

図 4.2.4 に矩形空胴共振器と円筒空胴共振器の主要な共振モードの電磁界分布を示す．

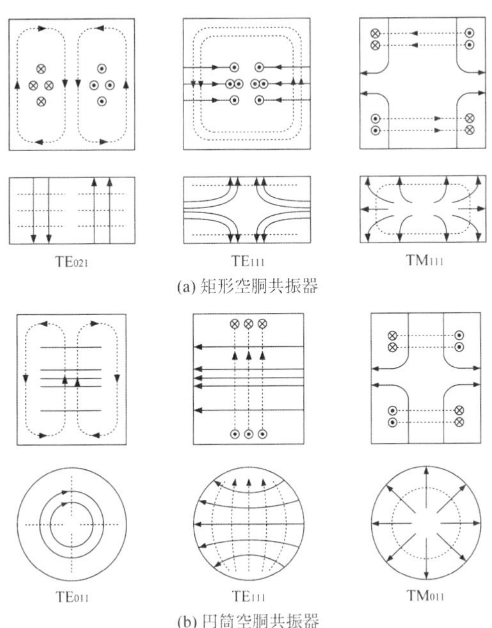

図 4.2.4　矩形及び円筒空胴共振器の主要共振モードの電磁界分布

(2)　空胴共振器の共振周波数と無負荷 Q

空胴共振器内が真空であると仮定すると，矩形空胴共振器の共振周波数は次式で与えられる．

$$f_{mnp} = \frac{\sqrt{\left(\frac{m}{2a}\right)^2 + \left(\frac{n}{2b}\right)^2 + \left(\frac{p}{2l}\right)^2}}{\sqrt{\varepsilon_0 \mu_0}} \tag{4.2.17}$$

上式は, TE_{mnp} (TM_{mnp}) の両モードに適用できることから, TE_{mnp} モードと TM_{mnp} モードの共振電磁界は異なるが共振周波数は同一となり，このことを２つのモードが縮退しているという.

同様に，円筒空胴共振器の TE_{mnp}（TM_{mnp}）モードの共振周波数は次式で与えられる.

$$f_{mnp} = \frac{\sqrt{\left(\frac{k_c}{2\pi}\right)^2 + \left(\frac{p}{2l}\right)^2}}{\sqrt{\varepsilon_0 \mu_0}} \tag{4.2.18}$$

ただし，円筒空胴共振器の断面内における波数 k_c は次式で与えられる.

$$k_c = \begin{cases} \frac{\rho'_{mn}}{a}, \text{TE モード} \\ \frac{\rho_{mn}}{a}, \text{TM モード} \end{cases} \tag{4.2.19}$$

ここで，ρ_{mn}，ρ'_{mn} はそれぞれ第1種ベッセル関数 $J_m(x)$ とそれの x に関する一階微分 $J'_m(x)$ の n 番目の根を表す.

共振器の無負荷 Q（Q_u）は，共振器に蓄えられる電磁エネルギーの時間平均と，1周期当たりに失われる電力の比で定義できる．いま，空胴共振器内の媒質による損失を無視できるものとすれば，Q_u は次式で与えられる.

$$Q_u = \omega_0 \frac{\frac{\mu}{2}\int_V \boldsymbol{H}\cdot\boldsymbol{H}^* dV}{\frac{R_s}{2}\int_S \boldsymbol{H}_t\cdot\boldsymbol{H}_t^* dS} = \omega_0 \frac{\frac{\varepsilon}{2}\int_V \boldsymbol{E}\cdot\boldsymbol{E}^* dV}{\frac{R_s}{2}\int_S \boldsymbol{E}_t\cdot\boldsymbol{E}_t^* dS} \tag{4.2.20}$$

上式において，分子は共振器空胴内における体積積分で，分母は空胴壁面における面積積分を表す．R_s は空胴壁の表面抵抗を表し，E_t，H_t は空胴壁面上の電界，磁界の接線成分を表している.

4. 2. 2　分配回路と方向性結合器

本項では，マイクロ波・ミリ波信号など高周波数信号の合成・分配のみならずバランス型増幅器，変調器，ミキサ，移相器，アンテナ給電回路などに用いられる分配・合成回路について述べている．3 ポート回路網のウィルキンソン電力分配器ならびに 4 ポート回路網のブランチライン回路，ラットレース回路についてその回路構成ならびに基本特性を記述している．ここで取り扱う回路において，各回路を構成する伝送線路の特性インピーダンス／アドミタンス，ならびに集中定数素子の値は，入出力ポートの特性インピーダンス／アドミタンスで規格化されているものとする．

1)　ウィルキンソン電力分配器

ウィルキンソン電力分配器は図 4.2.5 に示す通り中心周波数における長さが 1/4 波長で，特性インピーダンス Z の 2 本の伝送線路と出力ポート間に接続された抵抗 R で構成される．この回路は，面 AA'に関して対称構造であるから，偶・奇励振法を適用して対称面が開放または短絡となる励振状態を考え，各励振状態における 2 ポート回路を用いて回路パラメータを導出することができる．図 4.2.6 に出力ポート（ポート 2 とポート 3）を同振幅，同位相で励振した偶励振ならびに同振幅，逆位相で励振した奇励振時の等価回路を示している．図 4.2.6(a)に示す偶励振時の等価回路を，ポート 1 側の終端抵抗 2 をポート 2 側の終端抵抗 1 に 1/4 波長線路を用いてインピーダンス変換する回路と考えれば，次式を満足することで回路の整合が得られることとなる．

$$Z^2 = 2 \tag{4.2.21}$$

次に，図 4.2.6(b)の奇励振時の回路について考える．この回路において 1/4 波長線路の終端は短絡されていることから，1.3.3 で述べた通り終端短絡位置から 1/4 波長離れた位置のポート 2 では開放となり，1/4 波長線路は接続されていないと考えることができる．従って，この回路が整合するためには R=2 の条件が必要となり，この条件を用いて回路パラメータが決定できる．この回路パラメータを有するウィルキンソン電力分配器の散乱行列の周波数特性を図 4.2.7 に示す．横軸は中心周波数で規格化した規格化周波数を，縦軸は散乱行列要素の絶対値を dB 表示している．入出力ポートの反射特性（S_{11}，S_{22}）と出力ポート間の分離特性（S_{32}）が−20dB 以下となる周波数幅を中心周波数で割って得られる比帯域幅は約 35％となっている．

ウィルキンソン電力分配器の広帯域化法として，伝送線路部を多段構成とし，各段間にも抵抗を接続した回路構成や，結合線路を用いた回路も報告されているが，ここでは詳細は割愛する．

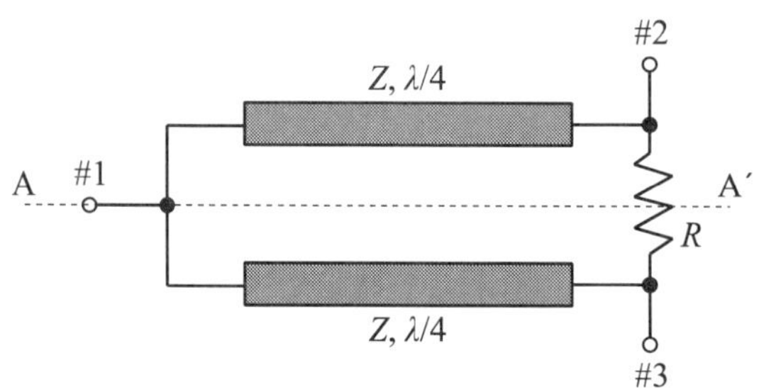

図 4.2.5　ウィルキンソン電力分配器

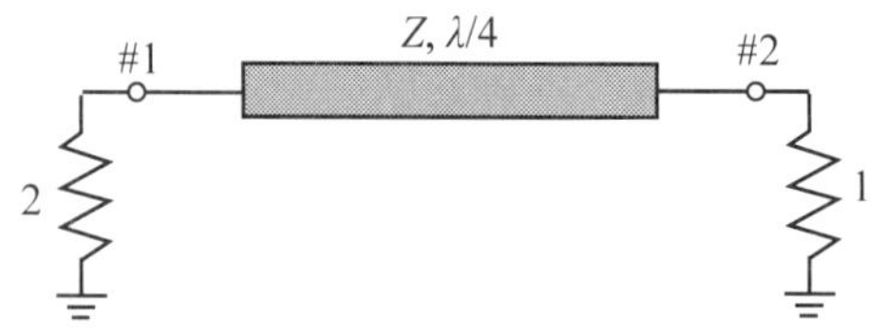

(a) 偶励振

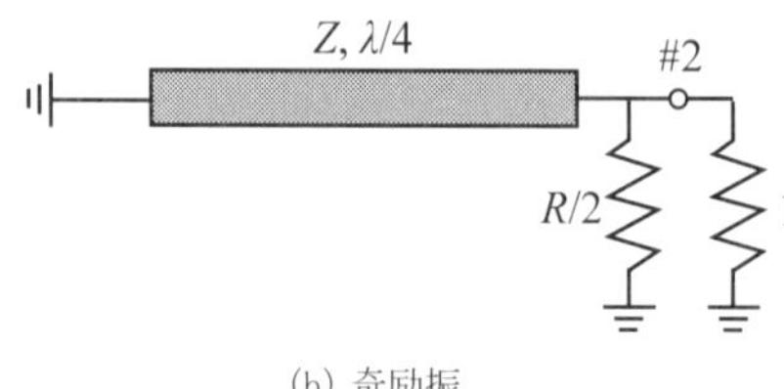

(b) 奇励振

図 4.2.6　偶奇励振時の等価回路

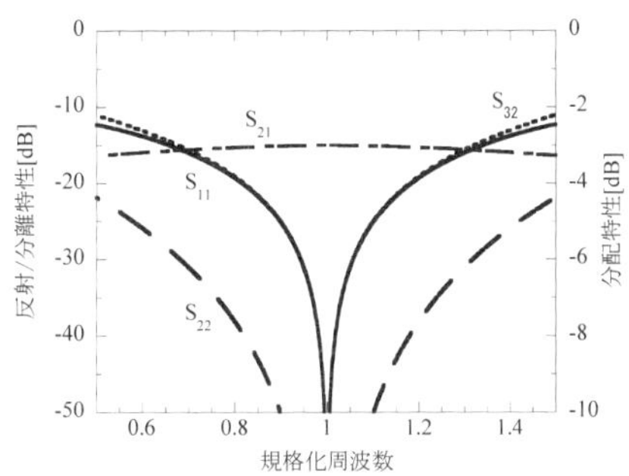

図 4.2.7　ウィルキンソン電力分配器の散乱行列

2)　90 度ハイブリッド

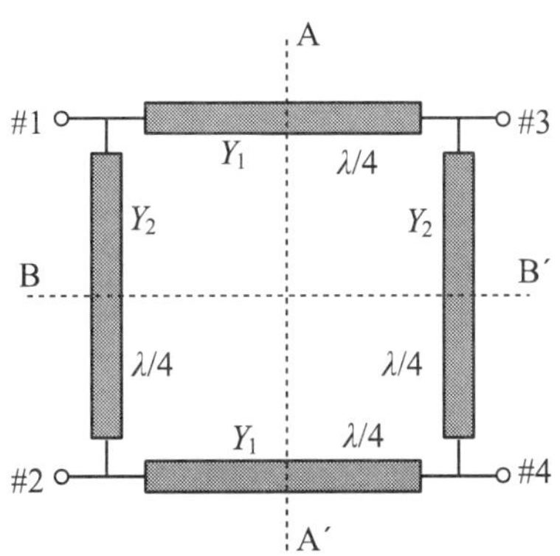

図 4.2.8　ブランチライン回路

出力ポート間の信号位相差が 90 度となる 90 度ハイブリッドとしては，ブランチライン回路がよく用いられる．この回路は，図 4.2.8 に示す通り特性アドミタンス Y_1，Y_2 の 2 対の 1/4 波長線路で構成される．本回路は対称面 AA'，BB'に対して 2 重鏡像対称性を有しているため，各対称面が開放又は短絡となる 4 通りの固有励振状態におけるポート 1 を含む 1/4 回路の反射係数 s_i（固有反射係数）を用いて，回路全体の散乱行列を以下の通り表すことができる．

$$[S]=\begin{bmatrix} \alpha & \beta & \gamma & \delta \\ \beta & \alpha & \delta & \gamma \\ \gamma & \delta & \alpha & \beta \\ \delta & \gamma & \beta & \alpha \end{bmatrix} \tag{4.2.22}$$

$$\alpha=\frac{s_1+s_2+s_3+s_4}{4},\quad \beta=\frac{s_1+s_2-s_3-s_4}{4} \tag{4.2.23a, b}$$

$$\gamma=\frac{s_1-s_2+s_3-s_4}{4},\quad \delta=\frac{s_1-s_2-s_3+s_4}{4} \tag{4.2.23c, d}$$

この回路において全てのポートが整合される，すなわち完全整合（$\alpha=0$）となる条件を考える．いま，回路が無損失と仮定すれば，$|s_i|=1$ であるから以下の 3 通りが考えられる．

$$\beta=0;\ s_1=-s_2,\ s_3=-s_4 \tag{4.2.24a}$$

$$\gamma=0;\ s_1=-s_3,\ s_2=-s_4 \tag{4.2.24b}$$

$$\delta=0;\ s_1=-s_4,\ s_2=-s_3 \tag{4.2.24c}$$

ここで，$\beta=0$ $(S_{21}=0)$ の場合を考えるものとすれば

$$\frac{S_{31}}{S_{41}}=\frac{\gamma}{\delta}=\pm\left|\frac{1-\exp(j\phi)}{1+\exp(j\phi)}\right| \tag{4.2.25a}$$

$$\phi=\arg\left(\frac{s_1}{s_4}\right) \tag{4.2.25b}$$

となり，等分配回路となる条件は$\phi=\pm\pi/2$ で与えられる．

以上より，2 重鏡像対称回路において，回路の完全整合（$S_{ii}=0$）が満たされれば，互いに分離した 2 組の 2 ポートに分けられ，一方の組のあるポートからの入力信号は他の組の 2 ポートに出力位相差 90 度で一定の分配比で出力されることがわかる．ここで，$Y_1=\sqrt{2}$，$Y_2=1$と選べば，本回路は入力信号をポート 3 とポート 4 に出力位相差 90 度で等分配する 90 度 3dB ハイブリッドとして動作することがわかる．図 4.2.9 にその散乱行列の周波数特性を示すが，比帯域幅は約 10 %となっており，前述のウィルキンソン電力分配器に比べて狭帯域な特性となっている．この帯域を拡大する手法として，並列分岐線路を多段にしたマルチブランチ構造や，インピーダンスステップと終端開放／短絡スタブからなる外部整合回路を各ポートに接続するなどの手法が提案され，比帯

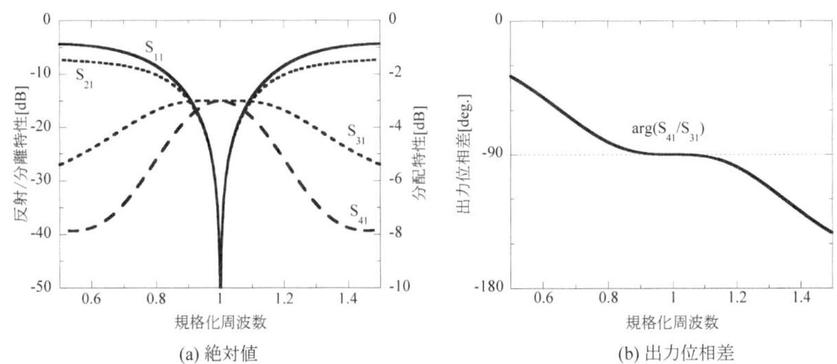

図 4.2.9 ブランチライン回路の散乱行列

域幅 25 %程度が得られている．また，種々の整合回路を用いた広帯域整合法も報告されている．

3) 180 度ハイブリッド

ここでは，出力ポート間の位相差が同相または逆相となる回路を取り扱うこととする．マイクロ波回路システムにおいて 4 ポート回路網の同相／逆相分配回路としてよく用いられる回路としてラットレース回路がある．この回路は図 4.2.10 に示すように 1/4 波長線路 3 本と 3/4 波長線路 1 本で構成される．この回路は対称面 AA'に関して 1 軸鏡像対称であることから，対称面が開放又は短絡となる 2 通りの励振状態において，ポート 1 とポート 3 を含む 1/2 回路（図 4.2.10(b) 参照）の反射係数$\Gamma_{(e,o)}^{1,3}$と透過係数$T_{(e,o)}^{1,3}$を 4.1.3 で示した F 行列要素から導出すれば，回路全体の散乱行列を以下の通り求めることができる．

$$S_{11} = \frac{\Gamma_e^1 + \Gamma_o^1}{2}, \quad S_{21} = \frac{T_e^1 + T_o^1}{2} \tag{4.2.26a, b}$$

$$S_{31} = \frac{\Gamma_e^1 - \Gamma_o^1}{2}, \quad S_{41} = \frac{T_e^1 - T_o^1}{2} \tag{4.2.26c, d}$$

$$S_{33} = \frac{\Gamma_e^3 + \Gamma_o^3}{2}, \quad S_{23} = \frac{\Gamma_e^3 - \Gamma_o^3}{2} \tag{4.2.26e, f}$$

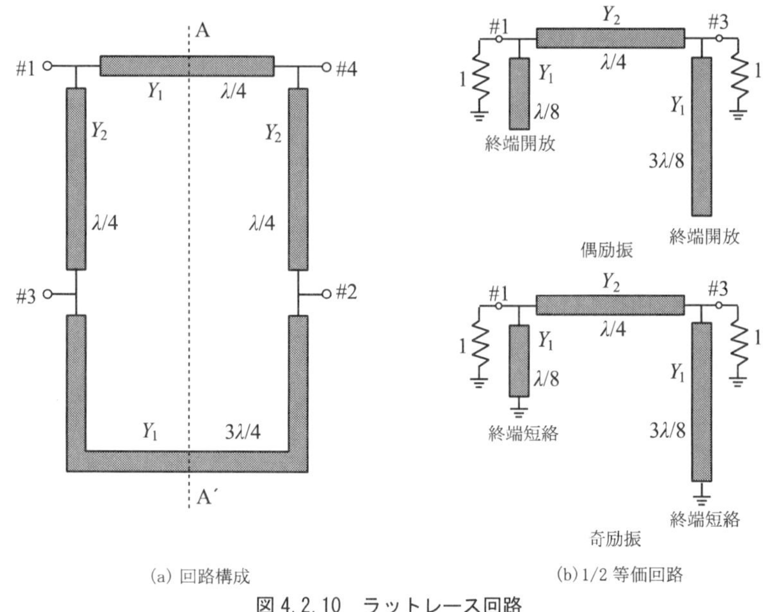

(a) 回路構成　　(b) 1/2 等価回路

図 4.2.10　ラットレース回路

この回路が整合する条件は以下の式

$$Y_1^2 + Y_2^2 = 1 \tag{4.2.27}$$

となり，その場合の散乱行列は次式で与えられる．

$$[S] = j\begin{bmatrix} 0 & 0 & -Y_2 & -Y_1 \\ 0 & 0 & Y_1 & -Y_2 \\ -Y_2 & Y_1 & 0 & 0 \\ -Y_1 & -Y_2 & 0 & 0 \end{bmatrix} \tag{4.2.28}$$

上式より，ポート1から信号を入力した場合，ポート3とポート4に同相で出力され，ポート3からの入力では，ポート1，ポート2に逆相出力されることがわかり，同相／逆相分配器となっている．いま，この回路の結合度 C を $20\log_{10}|S_{41}|$ で定義すれば，結合度はラットレース回路の一対のリング線路部の特性アドミタンス Y_1 で決定されることがわかる．従って，Y_1 を $1/\sqrt{2}$ に選ぶことで等分配回路（3dB 回路）となる．この回路の散乱行列の周波数特性は図 4.2.11 となり，その比帯域幅は約 28%である．

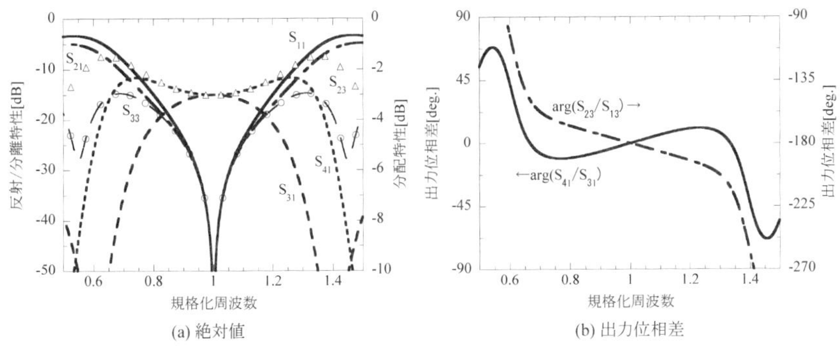

(a) 絶対値　(b) 出力位相差

図 4.2.11 ラットレース回路の散乱行列

4.2.3 インピーダンス整合回路

本項では，信号源から負荷に供給される電力を最大にするため，図 4.2.12 に示すように信号源と負荷の間に挿入する回路（整合回路）について記述する．ここでは，スミスチャートを用いて整合回路を設計する方法について説明している．

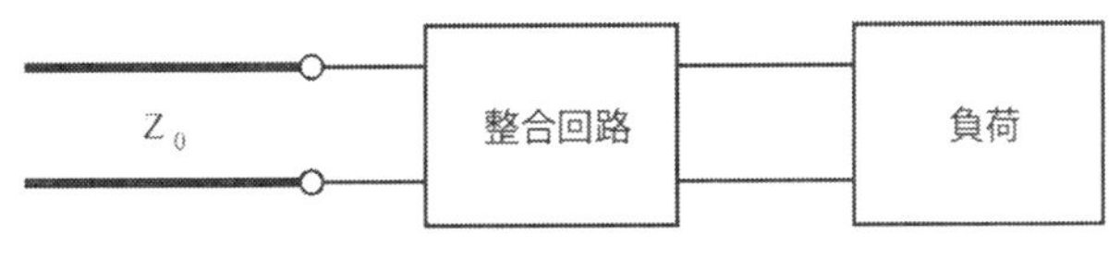

図 4.2.12 整合回路

図 4.2.13(a)に示すように負荷 Z_L を整合する整合回路として，伝送線路上の適当な位置に終端開放または短絡のスタブを接続する場合について考える．いま，負荷のインピーダンスが既知であれば，スミスチャート上にその点をプロットとし，原点を中心としてその点を通る円を描く．負荷インピーダンスのプロット点をこの円に沿って，電源側に回転させ，リアクタンス（R=1）の円との交点を求める．リアクタンス 1 の円との交点はスミスチャート実軸の上下に一つずつ存在するが，ここでは，インピーダンスの虚数部が正となる点を選ぶもの

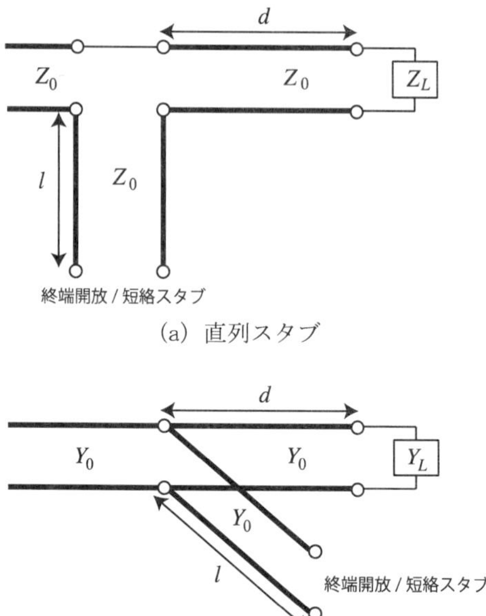

(a) 直列スタブ

(b) 並列スタブ

図 4.2.13　単一スタブ整合回路

とする．この点のインピーダンスを読み，その虚数部をキャンセルするように直列スタブの長さを決定すれば，回路は整合されることとなる．終端の開放／短絡はキャンセルすべきインダクタンス値の正負によって決定すれば良い．

同様に同図(b) に示すように並列の終端開放／短絡スタブを用いても回路の整合をとることができ，この場合にはインピーダンスチャートを反転させたアドミタンスチャートを用いると良い．

4.2.4　その他の回路素子

図 4.2.14 に 3 ポート回路として導波管分岐回路を示す．同図(a) は E 面分岐，(b) は H 面分岐と呼ばれる．これらの回路が相反回路であるとすれば，散乱行列は以下の式で表される．

$$[S]=\begin{bmatrix} S_{11} & S_{21} & S_{31} \\ S_{21} & S_{22} & S_{32} \\ S_{31} & S_{32} & S_{33} \end{bmatrix} \tag{4.2.29}$$

3 ポート回路においては，全てのポートが同時に整合されないことは，散乱行列のユニタリ性から簡単に導出できる.

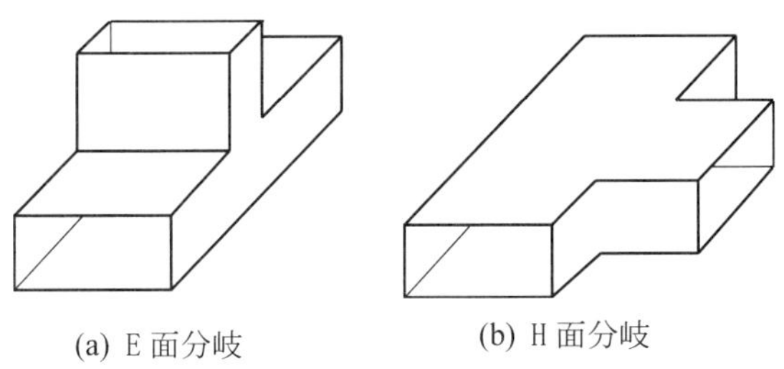

(a) E 面分岐　(b) H 面分岐

図 4.2.14　3 ポート回路の一例

次に，4 ポート回路としては，図 4.2.14 に示した E 面／H 面分岐を合成して得られるマジック T 回路(図 4.2.15(a))が代表的である．また，図 4.2.15(b) は 2 つの導波管の共通の側壁に結合孔を設けて，両導波管の間で電力のやりとりを行う方向性結合器である．同図(c) は 2 つの導波管の共通側壁の一部を取り除いた構造の方向性結合器で，ショートスロット型方向性結合器と呼ばれる．これらの回路の散乱行列は次式で表される.

$$[S]=\begin{bmatrix} S_{11} & S_{21} & S_{31} & S_{41} \\ S_{21} & S_{22} & S_{32} & S_{42} \\ S_{31} & S_{32} & S_{33} & S_{43} \\ S_{41} & S_{42} & S_{43} & S_{44} \end{bmatrix} \tag{4.2.30}$$

いま，全てのポートが整合されているとし，さらにユニタリ性を考慮すれば散乱行列は以下のように変形できる.

$$[S]=\begin{bmatrix} 0 & \alpha & 0 & j\beta \\ \alpha & 0 & j\beta & 0 \\ 0 & j\beta & 0 & \alpha \\ j\beta & 0 & \alpha & 0 \end{bmatrix} \tag{4.2.31}$$

ここで, β は方向性結合器の結合度を表す. また, α と β には以下の関係がある.

$$\alpha^2 + \beta^2 = 1 \tag{4.2.32}$$

(4.2.31)より，任意のポートから電力を入力した場合，電力の出力されないポートが必ず1つ存在し，残り2つのポートに一定の位相関係で電力が分配されることがわかる．結合度は，結合孔の大きさを調節することで，所望の値に設計することが可能となる．図4.2.15(a)に示したマジックTの場合，2つの出力は等しくなる．

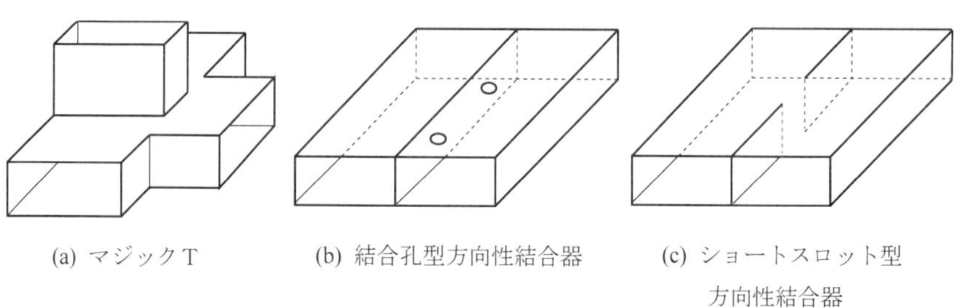

(a) マジックT　(b) 結合孔型方向性結合器　(c) ショートスロット型方向性結合器

図4.2.15　4ポート回路の一例

演習問題

4.1　インピーダンス行列 Z，アドミタンス行列 Y をF行列の要素を用いて表せ．

4.2　右図に示す2ポート回路のF行列を求めよ．入出力ポートの特性インピーダンスは50Ωとする．

4.3　上記4.2の回路の散乱行列を求めよ．また，$X_1 = 75$，$X_2 = 25$ の時，この回路がユニタリ性を満足することを示せ．

4.4　4.2.2の2)で取り扱った2重鏡像対称回路が等分配回路となる条件は，式(4.2.25b)で与えられる ϕ が $\pm\pi/2$ となることを示せ．

4.5　入出力ポートの特性インピーダンスが50Ωの無損失相反3ポート回路は完全整合されないことを示せ．

参考文献

1)　D. M. Pozar, Microwave Engineering, 3rd edition, John Wiley & Sons, Inc., 2005.

第5章　電磁波の放射

5.1　微小ダイポール，微小ループからの放射

電磁波を発生し，放射する源を波源という．微小ダイポール，微小ループは波源の代表的なものであり，他のアンテナを考えるときや電磁波を扱う際の基礎となる．

5.1.1　微小ダイポールの放射特性

図5.1.1のように座標原点の z 軸に沿って微小距離 dl の区間に一定電流 I が流れているとする．I は dl の両端で0になるので，dl の両端には図のように正負の電荷 q が対になって存在し，$m_e=qdl$ なる電気ダイポールモーメントが発生する．電流 I と電荷 q には，$I=j\omega q$ なる関係がある．このモデルを微小電気ダイポール（あるいは単に微小ダイポール）という．微小距離 dl とは波長に比べて非常に短い距離という意味である．

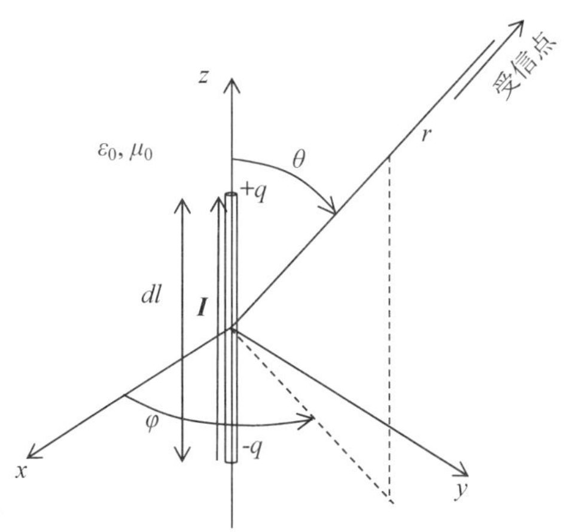

図5.1.1　微小ダイポールからの放射

金属線に電流が流れているときその電流分布は，金属線を長さ方向に細分し，各部分は電流一定の微小区間とし，これらを連続的につなぎ合わせて近似することができる．したがって，任意の線状アンテナの電流分布は微小ダイポールの連続として表すことができ，その放射波は微小ダイポールからの放射の和として求めることができる．この意味で，微小ダイポールは実際のアンテナの一微小区間であるということができ，アンテナを扱う際の基本的な素子である．

さて，微小ダイポールからの放射は以下のように求められる．

$$\left.\begin{aligned} E_\theta &= \frac{jIdl\sin\theta}{2\lambda}\eta_0\left(1+\frac{1}{jkr}+\frac{1}{(jkr)^2}\right)\frac{e^{-jkr}}{r} \\ E_r &= \frac{jIdl\cos\theta}{\lambda}\eta_0\left(\frac{1}{jkr}+\frac{1}{(jkr)^2}\right)\frac{e^{-jkr}}{r} \\ H_\varphi &= \frac{jIdl\sin\theta}{2\lambda}\left(1+\frac{1}{jkr}\right)\frac{e^{-jkr}}{r} \\ E_\varphi &= 0,\quad H_\theta = 0,\quad H_r = 0 \end{aligned}\right\} \tag{5.1.1}$$

k は(2.1.25)で述べた波数ベクトル $\boldsymbol{k}$ の絶対値，η_0 は真空の波動インピーダンスであり，

$$k = \frac{2\pi}{\lambda_0},\quad \eta_0 = \sqrt{\frac{\mu_0}{\varepsilon_0}} \tag{5.1.2}$$

である．

実際の通信において，アンテナから受信点までの距離 r は波長 λ よりも非常に長く $kr >> 1$ である．この領域の電磁界を遠方界という．遠方界では $1/r^2$, $1/r^3$ の項は省略され，(5.1.1)は次のようになる．

$$\left.\begin{aligned} E_\theta &= \frac{jIdl\sin\theta}{2\lambda}\eta_0\frac{e^{-jkr}}{r} \\ H_\varphi &= \frac{jIdl\sin\theta}{2\lambda}\frac{e^{-jkr}}{r} \\ E_\varphi &= 0,\quad E_r = 0,\quad H_\theta = 0,\quad H_r = 0 \end{aligned}\right\} \tag{5.1.3}$$

すなわち，微小ダイポールから十分遠方では E_θ と H_φ のみが伝搬する．E_θ と H_φ はどちらも r 方向には e^{-jkr}/r で変化するので，波は原点から r 方向に放

射され，振幅は 1/r で次第に小さくなる．半径 r の球面は位相が一定の面，すなわち波面である．このような球面状に広がる波を球面波という．E_θ と H_φ の比は遠方界における波動インピーダンスであり，

$$\frac{E_\theta}{H_\phi} = \eta_0 \tag{5.1.4}$$

であるから，(5.1.2)に示した媒質の波動インピーダンスに等しい．

一方，微小ダイポールの極く近くにおいては $kr \ll 1$ であり，この領域の電磁界は近傍界と呼ばれる．近傍界の波動インピーダンスを η_{wE} とし，η_{wE} は(5.1.4)と同じく E_θ と H_φ の比で与えるとすれば，

$$\eta_{wE} = \frac{E_\theta}{H_\phi} \approx \eta_0 \frac{1}{jkr} = \frac{1}{j\omega\varepsilon_0 r} \tag{5.1.5}$$

となる．上式と(5.1.4)とを比較すると，η_0 は周波数や距離に無関係に一定値であるのに対し，η_{wE} は ω，r に反比例して変化する．また，η_0 は実数であるが，η_{wE} は虚数である．このようなことから，遠方界と近傍界での電波伝搬はかなり異なったものになることが想像されるであろう．本書ではアンテナとしての基本的事項を考察するため，遠方界を対象にする．

電磁波がどの方向に強く放射されるかという性質を指向性という．E_θ の振幅 $|E_\theta|$ は，

$$|E_\theta| = \left| \frac{jIdl}{2\lambda} \eta_0 \frac{e^{-jkr}}{r} \sin\theta \right| = 60\pi \left(\frac{Idl}{\lambda} \right) \frac{1}{r} |\sin\theta| \tag{5.1.6}$$

となるので，この場合の放射は θ 方向には $|\sin\theta|$ で定まり，φ 方向には一様である．$|E_\theta|$ の最大値 $|E_{\theta m}|$ は $\theta=\pi/2$ で与えられる．$|E_\theta|$ を最大値 $|E_{\theta m}|$ で規格化した値を $D(\theta,\varphi)$ とすると，

$$D(\theta,\varphi) = \frac{|E_\theta|}{|E_{\theta m}|} = |\sin\theta| \tag{5.1.7}$$

となる．$D(\theta,\varphi)$ を指向性という．図 5.1.2 は $D(\theta,\varphi)$ を描いたもので，原点からの距離が長いほど強い放射であることを示す．$D(\theta,\varphi)$ は φ に依存しないので微小ダイポールに垂直な面(xy 面)ではどの方向にも一様に放射する特性になる．微小ダイポールの長さ方向を含む面(xz 面, yz 面)では $|\sin\theta|$ で変化するので図に示すように 8 の字型の放射特性になる．ダイポール軸方向には放射は無い．

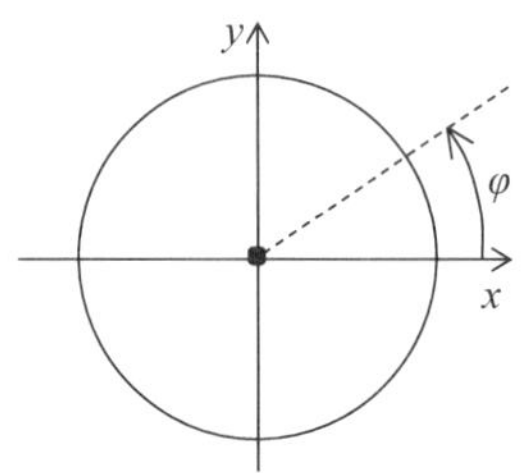

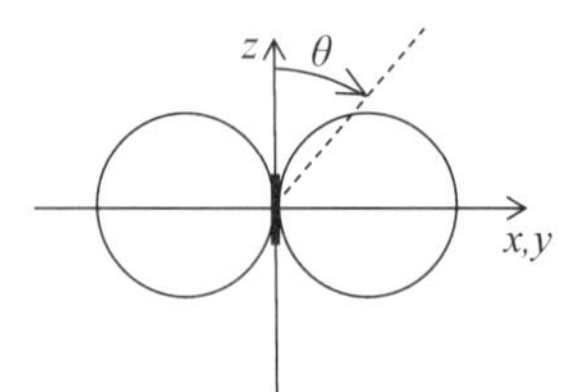

微小ダイポールに垂直な面　　微小ダイポールの長さ方向を含む面

図 5.1.2　微小ダイポールアンテナの指向性

微小ダイポールアンテナから放射される全電力を求めてみよう．これは，微小ダイポールを含む球面上に微小面を考え，その微小面のポインティングベクトルを全球面に渡って積分すればよい．図 5.1.3 のように微小ダイポールアンテナ中心を原点とする半径 r の球面 S 上の点において，ポインティングベクトルは(2.3.4)より，

$$|\boldsymbol{P}| = P = E_\theta H_\varphi^* = \frac{1}{120\pi}\left(\frac{60\pi Idl}{\lambda r}\right)^2 \sin^2\theta \tag{5.1.8}$$

である．微小幅 dw の環状帯の微小面積 dS は，$dw = rd\theta$ であるから $dS = 2\pi r^2 \sin\theta d\theta$ である．P は φ 成分を含まないので，dS 上で P は一定値である．したがって全放射電力 W_d は，

$$W_d = \int_S Pds = 2\pi r^2 \int_0^\pi P\sin\theta d\theta = 80\pi^2 \left(\frac{Idl}{\lambda}\right)^2 \tag{5.1.9}$$

である．

電界 E_θ は上式より Idl/λ を求め，これを(5.1.3)に代入すれば，

$$|E_\theta| = \frac{\sqrt{45W_d}}{r} sin\theta \tag{5.1.10}$$

と表すことができる．

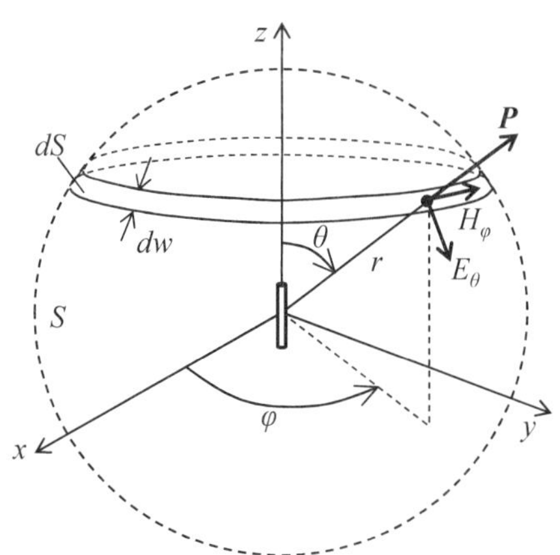

図 5.1.3　微小ダイポールからの放射電力

次に,放射電力と同じ電力を消費する等価的な負荷抵抗について説明する.微小ダイポールアンテナに内部抵抗 Z_0 の電源を接続する．図 5.1.4 左図のように，微小ダイポールアンテナを 2 つに分割し，中央部に給電する．このときアンテナに電流 I が流れ，電力 W_d が放射されたとする．微小ダイポールアンテナに損失が無ければ放射電力と同じ電力 W_d を電源から供給することになる．この状態を電源からみれば，右図のように負荷抵抗 R_d を接続して W_d を供給することと全く同じである．このときの負荷抵抗 R_d は，$W_d=I^2R_d$ であるから(5.1.9)より，

$$R_d = \frac{W_d}{I^2} = 80\pi^2\left(\frac{dl}{\lambda}\right)^2 \tag{5.1.11}$$

となる．この抵抗 R_d は放射抵抗と呼ばれる．R_d は当然仮想的なもので，電力 W_d はジュール熱になるのではなく，放射されるのである．

微小ダイポールアンテナは $dl << \lambda$ であるから，(5.1.11)から得られる R_d は非常に小さい値である．アンテナに電力を供給するときに用いられる線路として，例えば特性インピーダンス Z_0 が 50Ω の伝送線路を用いるとすると，微小ダイポールアンテナを整合状態で接続することはできず，入射波のほと

んどは反射される．微小ダイポールアンテナは効率の悪いアンテナである．

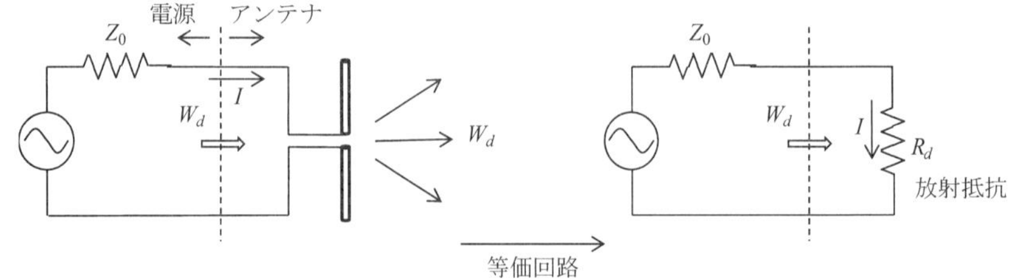

図 5.1.4　放射抵抗の説明図

5.1.2　微小ループの放射特性

前項で述べた直線状金属線だけでなく，ループ状金属線もアンテナとして使用することができ，これをループアンテナという．微小ループとは波長に比べて十分小さい寸法のループをいう．

図 5.1.5 に示すように xy 面に面積 S の微小ループがあり，電流 I が流れているとする．このとき，ループからある程度離れた点にできる磁界は，ループ中心の z 軸に仮定した磁気ダイポールモーメント $m(=\mu_0 IS)$ が発生する磁界と全く同じである．したがって，微小ループの放射特性を知るには磁気ダイポールモーメントからの放射特性を求めればよい．

磁気ダイポールモーメントからの放射は，5.1.1 で述べた微小ダイポールモーメントからの放射を参考にして求めることができる．(5.1.1)は微小距離 dl を流れる一定電流 I が波源であるから，磁気ダイポールモーメントにおいても，$Idl=j\omega qdl$ と同様に $I_m dl_m=j\omega q_m dl_m$ なる量を考える．

$$I_m dl_m = j\omega q_m dl_m = j\omega m = j\omega\mu_0 IS \tag{5.1.12}$$

ここで，I_m は磁流，dl_m は正負の磁荷間距離である．(5.1.1)において $Idl \to I_m dl_m$ に置き換えると磁気ダイポールモーメントからの放射を求めることができ，(5.1.13)が得られる．ただしこのとき，マクスウエル方程式の対称性により，$\boldsymbol{E}\to\boldsymbol{H}$，$\boldsymbol{H}\to-\boldsymbol{E}$，$\mu_0\to\varepsilon_0$，$\varepsilon_0\to\mu_0$ などの置き換えを行う．

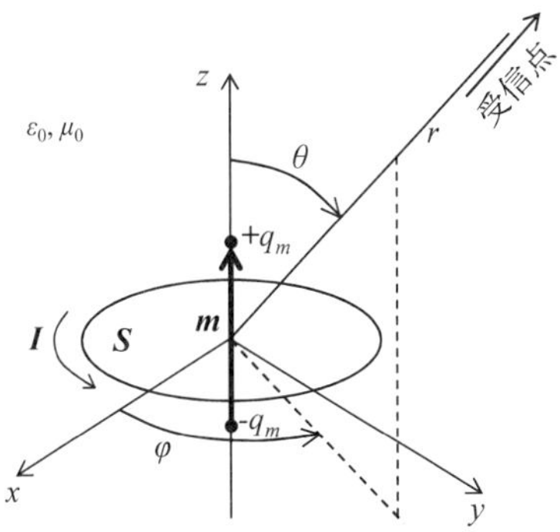

図 5.1.5　微小ループアンテナ

$$\left.\begin{aligned} H_\theta &= \frac{j}{2\lambda}\frac{1}{\eta_0}\left(1+\frac{1}{jkr}+\frac{1}{(jkr)^2}\right)\frac{e^{-jkr}}{r}j\omega\mu_0 IS\sin\theta \\ H_r &= \frac{j}{\lambda}\frac{1}{\eta_0}\left(\frac{1}{jkr}+\frac{1}{(jkr)^2}\right)\frac{e^{-jkr}}{r}j\omega\mu_0 IS\cos\theta \\ E_\varphi &= -\frac{j}{2\lambda}\left(1+\frac{1}{jkr}\right)\frac{e^{-jkr}}{r}j\omega\mu_0 IS\sin\theta \\ H_\varphi &= 0,\quad E_\theta = 0,\quad E_r = 0 \end{aligned}\right\} \tag{5.1.13}$$

遠方界では，$kr>>1$ であるので $1/r^2$，$1/r^3$ の項は省略され，

$$\left.\begin{aligned} H_\theta &= -\frac{k^2}{4\pi}IS\frac{e^{-jkr}}{r}\sin\theta \\ E_\varphi &= \frac{k\omega\mu_0 IS}{4\pi}\frac{e^{-jkr}}{r}\sin\theta \\ H_\varphi &= 0,\quad H_r = 0,\quad E_\theta = 0,\quad E_r = 0 \end{aligned}\right\} \tag{5.1.14}$$

となる．H_θ と E_φ との比は，電気ダイポールアンテナの場合と同様に媒質の波動インピーダンスに η_0 等しい．微小ループの放射波は遠方界では微小ダイポールと同じく平面波（厳密には球面波）となって伝搬するのである．

微小ループの極く近くにおいては $kr<<1$ であり，この領域は微小ダイポールの場合と同じく近傍界と呼ばれる．近傍界の波動インピーダンスを η_{wH} とする．η_{wH} を遠方界と同じく H_θ と E_φ の比で与えるとすれば，

$$\eta_{wH} = \frac{E_\phi}{H_\theta} \approx \eta_0 jkr = j\omega\mu_0 r \tag{5.1.15}$$

となる．η_{wH}は微小ダイポールアンテナのη_{wE}と同様に純虚数である．ただし，η_{wE}はωrに逆比例し，η_{wH}はωrに比例するという違いがある．

微小ループの放射抵抗はRは，

$$R = 20\left(k^2 Sn\right)^2 \tag{5.1.16}$$

で与えられる．ここで，nはループ巻き数である．

5.2　開口面アンテナ

音響スピーカ，光のレンズなどはある特定の方向に音や光を収束する働きがある．これらは，スピーカやレンズなどの寸法が波長よりも十分大きい領域での波動の性質を利用している．電磁波についても同様であり，波長と同程度以上に広い開口面を放射源とすると，ある特定方向に集中して電磁波を放射することができる．このようなアンテナを開口面アンテナという．

波動光学では，開口からの放射はホイヘンスの原理(Huygens' principle)により説明され，開口に分布する点状の微小波源（点波源）が放射源である．電磁波を通さない物質よりなる衝立に開口部となる窓をくり抜き，ここに平面波が入射する状態を考える．図 5.2.1 のように窓部分に微小な点波源が誘起され，この点波源から新たに２次電磁波が発生する．衝立透過側空間のある点pの電磁界は，開口の全ての点波源からの２次電磁波を寄せ集めて得られる．点pが窓の正面方向でなく衝立の陰であっても波源からの寄与分が幾分かは回り込む．この現象は波の回折として知られている．

以上のような開口からの電磁波放射について調べよう．受信点pの電磁界は，開口の点波源分布がわかれば計算できる．

図 5.2.2 のように，開口を設けた衝立をxy面に設け，平面波が入射する状態を考える．開口Sの辺をa，bとする．S上に微小面積dSをとり，入射波により与えられるこの位置の電界をE_0とする．点pの電界E_pは開口Sに分

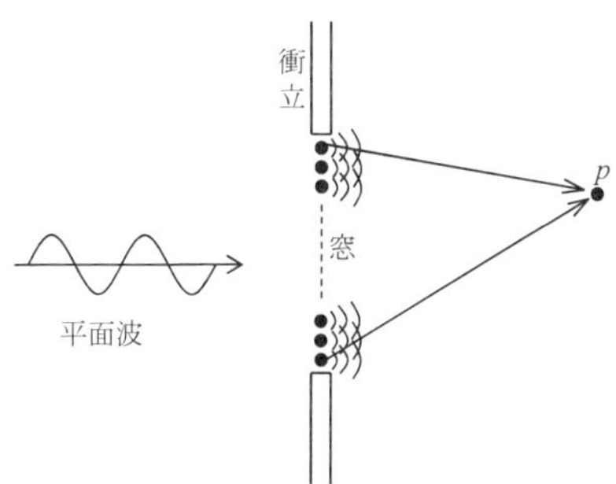

図 5.2.1 ホイヘンスの原理による開口からの放射

布する点波源 E_0 からの寄与分を積分したものであり，次式で与えられる．

$$E_p = \frac{j}{\lambda}\int_S E_0 \frac{e^{-jkr_i}}{r_i} dS \tag{5.2.1}$$

ここで，E_0 は x，y の関数，r_i は波源から点 p までの距離である．点 p の位置は(x_i, y_i, z_i)で，dS の位置は$(x,y,z=0)$で与えられるとすると r_i は，

$$r_i = \sqrt{z_i^2 + (x_i - x)^2 + (y_i - y)^2} \tag{5.2.2}$$

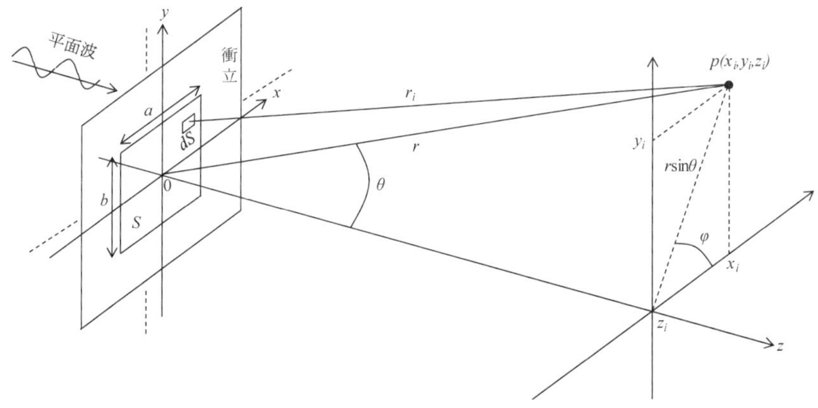

図 5.2.2　方形開口面からの放射

となる．平方根の中の 2 項目，3 項目が第 1 項に比べて非常に小さいという条件下では，

$$r_i \approx z_i + \frac{x_i^2 + y_i^2}{2z_i} - \frac{x_i x + y_i y}{z_i} + \frac{x^2 + y^2}{2z_i} - \frac{\left\{(x - x_i)^2 + (y - y_i)^2\right\}^2}{8z_i^3} \tag{5.2.3}$$

と近似できる．上式右辺の何項目まで採用するかは開口の大きさと開口から受信点までの距離により決まる．第 3 項までとればよい領域を遠方領域，またはフラウンホーファ領域といい，第 4 項まで取らなければならない領域を近接領域[1]，またはフレネル領域という．遠方領域，近接領域の概念図を図 5.2.3 に示した．開口に十分近いと近接領域の近似も成立しなくなる．

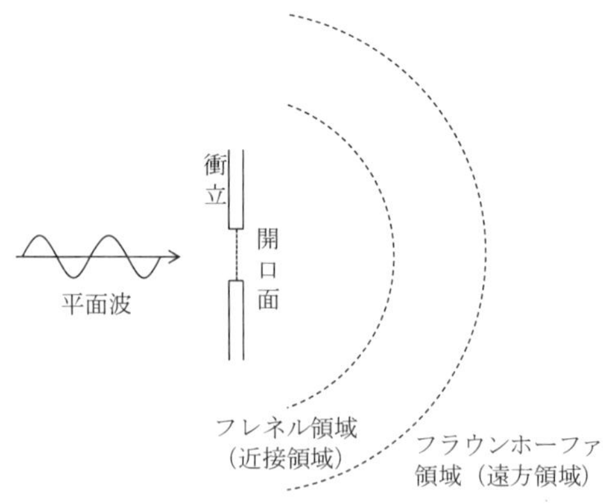

図 5. 2. 3　フレネル領域とフラウンホーファ領域

遠方領域か近接領域かの区別は，アンテナ特性の測定で重要になる．この本では z_i は開口から十分遠くにあるとして，遠方領域を扱う．

(5.2.3)においてフラウンホーファ近似を用い，かつ $r \approx z_i + (x_i^2 + y_i^2)/2z_i$ と近似すると $r_i \approx r - (x_i x + y_i y)/z_i$ となる．これより，

$$\frac{e^{-jkr_i}}{r_i} \approx \frac{e^{-jkr}}{r} e^{jk\frac{x_i x + y_i y}{z_i}} \tag{5.2.4}$$

[1] この節の近接界，遠方界は，5.1 節で述べた近傍界，遠方界の分類とは意味が異なることに注意．

となる．ここで，

$$\frac{x_i x}{z_i} = \frac{r\sin\theta\cos\varphi}{z_i} x \approx x\sin\theta\cos\varphi, \quad \frac{y_i y}{z_i} = \frac{r\sin\theta\sin\varphi}{z_i} y \approx y\sin\theta\sin\varphi \qquad (5.2.5)$$

と近似すると次式が得られる．

$$E_p = \frac{j}{\lambda}\frac{e^{-jkr}}{r}\int_S E_0 e^{jk\sin\theta(x\cos\varphi + y\sin\varphi)} dxdy \qquad (5.2.6)$$

E_0はx, y方向の分布を表す関数である$f(\mathrm{x}), f(\mathrm{y})$を用いて，$E_0 \equiv E_y f(x) f(y)$で与えられるとしよう.$E_y$は開口へ入射する電界の振幅を表す.そうすると，(5.2.6)は，

$$E_p = \frac{je^{-jkr}}{\lambda r} E_y \int_{-a/2}^{a/2} f(x) e^{jkx\sin\theta\cos\varphi} dx \int_{-b/2}^{b/2} f(y) e^{jky\sin\theta\sin\varphi} dy \qquad (5.2.7)$$

となる.この式は複雑に見えるが上式右辺の一つ目の積分は，

$$x \to t, \qquad -k\sin\theta\cos\varphi \to \omega \qquad (5.2.8)$$

と変数変換すると$f(t)$のフーリェ変換である．これを$F(\omega)$とおき，

$$F(\omega) = \int_{-\infty}^{\infty} f(t) e^{-j\omega t} dt \qquad (5.2.9)$$

と表す．波源の分布$f(t)$は開口への入射波と衝立材料の境界条件により定まるのであるが，ここでは簡単のために図 5.2.4 に示すように$-a/2<x<a/2$では振幅 1 の一様分布，それ以外では 0 であるとしよう．これに対応するように$-T<t<T$で 1，他領域では 0 の波形を考えれば，

$$\int_{-a/2}^{a/2} f(x) e^{jkx\sin\theta\cos\varphi} dx = a\frac{sin\left(\frac{\pi}{\lambda}a\sin\theta\cos\varphi\right)}{\frac{\pi}{\lambda}a\sin\theta\cos\varphi} \qquad (5.2.10)$$

を得る．$\varphi=0$とすると，上式はx_i軸上におけるE_pの変化である．

(5.2.7)の二つ目の積分も同様に考え，$f(y)$は$-b/2< y < b/2$でのみ振幅 1，それ以外では 0 とする．(5.2.10)の結果と合わせて示すと，

$$E_p = \frac{je^{-jkr}}{\lambda r} E_y ab \frac{\sin\left(\dfrac{\pi}{\lambda} a \sin\theta\cos\varphi\right)}{\dfrac{\pi}{\lambda} a \sin\theta\cos\varphi} \cdot \frac{\sin\left(\dfrac{\pi}{\lambda} b \sin\theta\sin\varphi\right)}{\dfrac{\pi}{\lambda} b \sin\theta\sin\varphi} \tag{5.2.11}$$

となる.

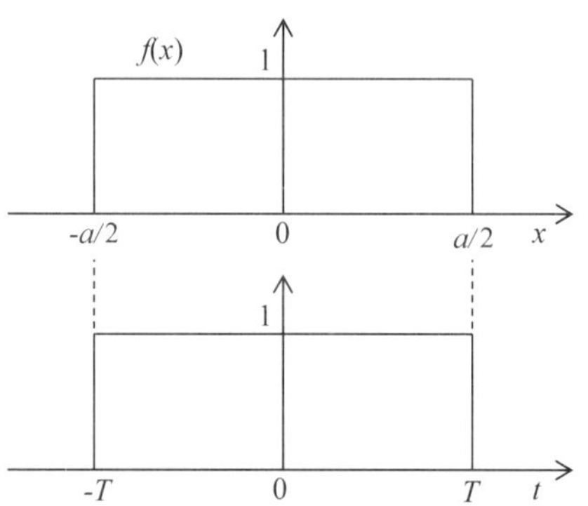

図 5.2.4　開口面の波源分布

図 5.2.5 のように矩形導波管を用いて開口面アンテナとする場合, 開口部の電界は導波管部と同じく TE_{10} モードであると近似すると, 波源の y 方向分布は一様だが x 方向には余弦分布となる.　$f(x) = \cos(\pi x/a)$ とおいて xz 面における E_p を求めると,

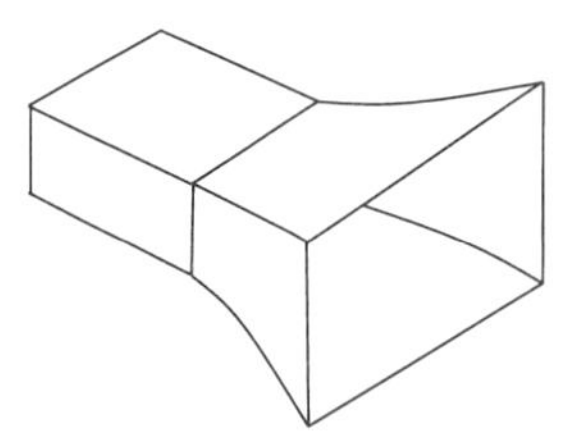

(a)導波管を放射状に広げた開口部

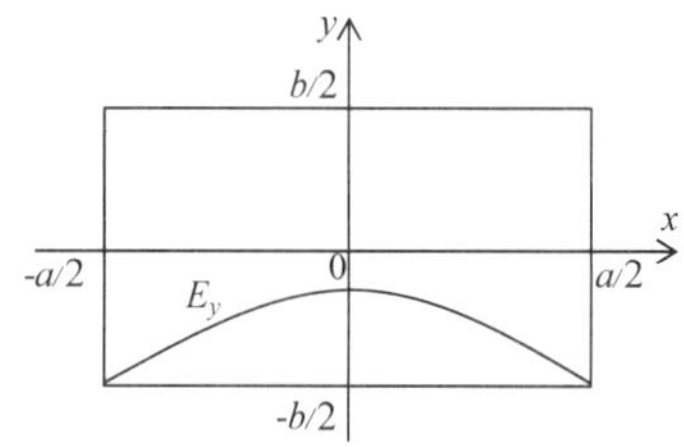

(b)開口部電界分布（TE_{10}モード）

図 5.2.5　矩形導波管を徐々に広げた開口面アンテナ

$$E_p = \frac{je^{-jkr}}{\lambda r} E_y a \frac{\pi}{2} \frac{\cos u}{(\pi/2)^2 - u^2} \tag{5.2.12}$$

$$u = \frac{\pi}{\lambda} a \sin\theta \cos\varphi \tag{5.2.13}$$

となる．これらの導出は演習にするので読者自ら導出されたい．

正面方向にどれくらい強く放射するかを求めた例を示そう．図 5.2.6 は(5.2.11)より求めた放射特性である．図では，z_i=60m において x_i，y_i を-60m から 60m の範囲で計算しており、放射は開口の正面方向(x_i，y_i 面の中心)で最大になる．放射最大となる角度領域をメインローブ（主ローブともいう）という．放射は正面を中心に対称に周期的に変動する．メインローブ以外の放射をサイドローブという．

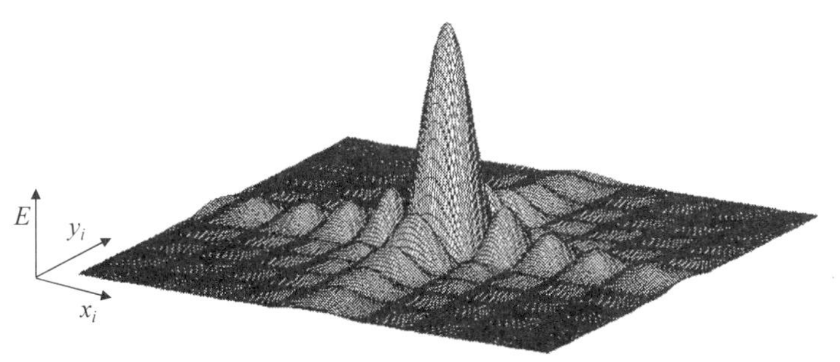

図 5.2.6　開口面からの放射の様子（図 5.2.2 **において** f=10GHz，a=b=300mm **とし，** z_i=60m **の地点で** x_i，y_i **を**−60m **から** 60m **の範囲で電界の強さを計算）**

最大放射方向において電力放射が最大値の半分になる角度範囲を半値幅，あるいはビーム幅といい，放射の鋭さを表す．図 5.2.7 は開口面広さを変えて放射特性を求めたものであり，開口が広くなるほど半値幅が狭くなる（鋭い放射になる）．ただし，正面方向の最大値を 1 に規格化してある．サイドローブの最大値は 0.21（約-13dB）で開口の広さには依らない．

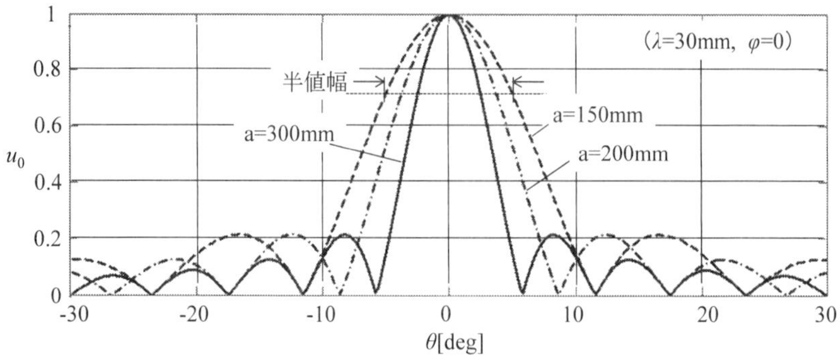

図 5.2.7　開口面広さと放射特性（波源が一様分布の場合）

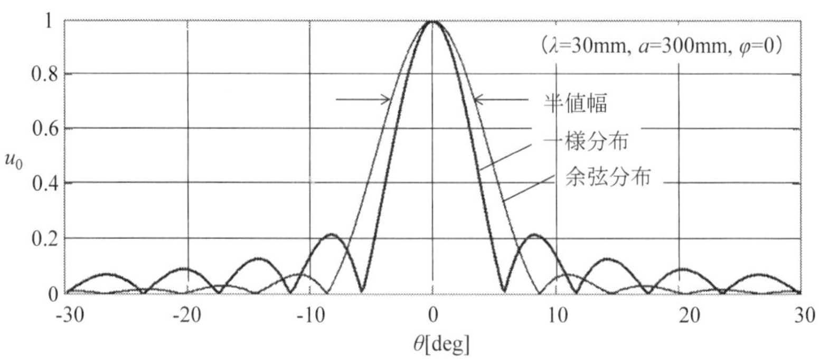

図 5.2.8　波源が一様分布，余弦分布のときの放射特性計算例

図 5.2.8 は波源が一様な場合と余弦分布の場合について(5.2.10)，(5.2.12)より放射特性を求めたものである．半値幅は一様分布よりも余弦分布の方が広い．それで，放射の鋭さを同じくするなら余弦分布ではより広い開口面を必要とする．しかし，サイドローブの最大値は余弦分布の方が小さいと言う特徴がある．主ローブ以外への放射は少ない方がよいので，アンテナとしては，サイドローブはできる限り抑圧することが望ましい．

半値幅 θ_B と開口面広さ a には次の近似式がある．

$$\left.\begin{array}{l}\text{波源が一様分布のとき：}\ \theta_B[\mathrm{deg}]\approx 50\lambda/a \\ \text{波源が余弦分布のとき：}\ \theta_B[\mathrm{deg}]\approx 70\lambda/a\end{array}\right\} \qquad (5.2.14)$$

5.3　アンテナの諸特性

5.3.1　指向性

前節までに述べたように，アンテナにはある特定の方向に電磁波を強く放射する特性があり，これを指向性という．一般に，アンテナから距離 r 離れた位置での電界 $E_p(r,\theta,\varphi)$は，

$$E_p(r,\theta,\varphi) = KD_r(\theta,\varphi)\frac{e^{-jkr}}{r} \tag{5.3.1}$$

と表せる．K は係数，D_r は θ，φ だけで決まる最大値が 1 の関数であり，指向性を示す．

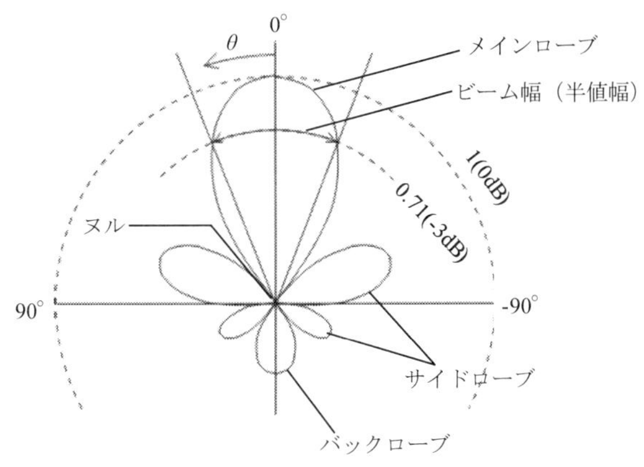

図 5.3.1　電界の放射特性の例

図 5.3.1 は電界の指向性を極座標で表したものである．正面方向を向くビームは最大の放射を表しており，これをメインローブと言う．メインローブ両側には放射が小さいサイドローブがある．アンテナ裏方向への放射はバックローブという．各ローブの間の放射がない角度はヌルという．また，図 5.2.7，図 5.2.8 でも説明したように，最大値から－3dB だけ放射が小さい角度範囲を

ビーム幅（または半値幅）と言う．

5.3.2　利得と放射電力密度，放射電界

アンテナの利得は，最大放射方向の放射電力密度が基準アンテナと比べて何倍であるかを示す値である．図 5.3.2 のように，利得を調べる対象とするアンテナへの供給電力を W, アンテナから r 離れた位置での放射電力密度を p, 電界を E，基準とするアンテナについてはそれぞれ W_r，p_r, E_r とすると，利得 G は以下の式で与えられる．

$$G = \frac{p/W}{p_r/W_r} = \frac{|E|^2/W}{|E_r|^2/W_r} \tag{5.3.2}$$

利得は，基準とするアンテナにより絶対利得と相対利得の２種類がある．

絶対利得：仮想の等方性アンテナを基準アンテナとする利得

相対利得：半波長ダイポールアンテナを基準アンテナとする利得

ここで等方性アンテナとは，あらゆる方向に等しく電磁波を放射する仮想のアンテナである．そのようなアンテナは実際には存在しないが，利得の計算の際の基準アンテナとして用いられる．等方性アンテナは無指向性アンテナ（またはアイソトロピックアンテナ）ともいう．以下，特に断らない限りは利得は絶対利得を指すとする．

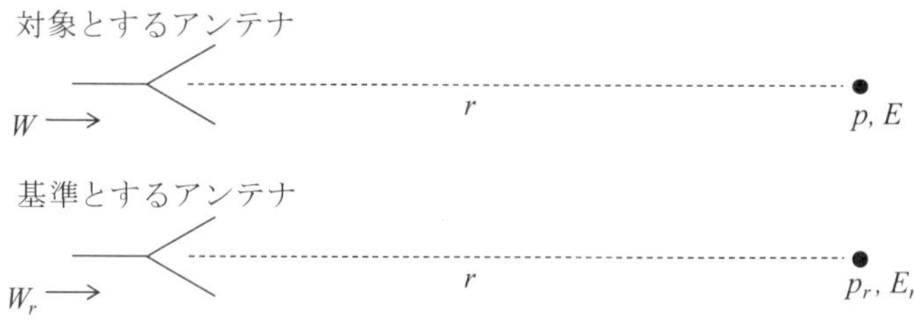

図 5.3.2　基準とするアンテナと対象とするアンテナ

等方性アンテナは実際にはないので，測定で絶対利得を直接確認することはできない．測定をするためには特性がよく知られている半波長ダイポール

アンテナを基準にする相対利得が用いられる．

図 5.1.3 と同様にアンテナを原点に置き，半径 r の球面上の電力密度，球面を通過する全放射電力より，絶対利得を求めてみよう．アンテナには損失が無く，全放射電力は供給電力 W に等しいとする．対象とするアンテナでは，球面上の放射電力密度 $p(\theta,\varphi)$は，

$$p(\theta,\varphi)=E(\theta,\varphi)H^*(\theta,\varphi)=\frac{\left|E(\theta,\varphi)\right|^2}{\eta_0} \tag{5.3.3}$$

である．全放射電力は $p(\theta,\varphi)$を球面上で積分して求められ，これを供給電力 W に等しいとすると，

$$\mathrm{W}=\int_S p(\theta,\varphi)dS=\frac{r^2}{\eta_0}\int_0^{2\pi}\int_0^{\pi}|E(\theta,\varphi)|\sin\theta d\theta d\varphi \tag{5.3.4}$$

一方，等方性アンテナについては，放射電力密度を p_i，放射電界および磁界を E_i，H_i，供給電力を W_r とすると，

$$p_i=E_iH_i^*=\frac{\left|E_i\right|^2}{\eta_0} \tag{5.3.5}$$

$$W_r=\int_S p_i dS=4\pi r^2\frac{|E_i|^2}{\eta_0} \tag{5.3.6}$$

である．(5.3.3)～(5.3.6)を(5.3.2)に代入すると，G は次のように得られる．

$$\mathrm{G}(\theta,\varphi)=\frac{|E(\theta,\varphi)|^2}{\frac{1}{4\pi}\int_0^{2\pi}\int_0^{\pi}|E(\theta,\varphi)|^2\sin\theta d\theta d\varphi} \tag{5.3.7}$$

半径 r の球面上では，原点に置いた等方性アンテナの放射電力密度と電界は(5.3.5)，(5.3.6)より，

$$p_i=\frac{W_r}{4\pi r^2},\quad E_i=\sqrt{\eta_0 p_i}=\frac{\sqrt{30W_r}}{r} \tag{5.3.8}$$

と直ちに求められる．いま，対象とするアンテナと等方性アンテナの両方に等しい電力を供給したとき，放射電力の指向特性が図 5.3.3 に示すようになっ

たとしよう．(5.3.2)式の 2 項目が示すように，$W=W_r$ であれば p と p_r の比が利得である．基準となるアンテナは等方性アンテナであるから $p_r=p_i$ とし，利得 G は，

$$G=\frac{p(\theta,\varphi)}{p_i} \tag{5.3.9}$$

である．$p(\theta,\varphi)$が測定や計算で与えられれば，p_i は(5.3.8)より $W=W_r$ として計算できるので G が求められる．

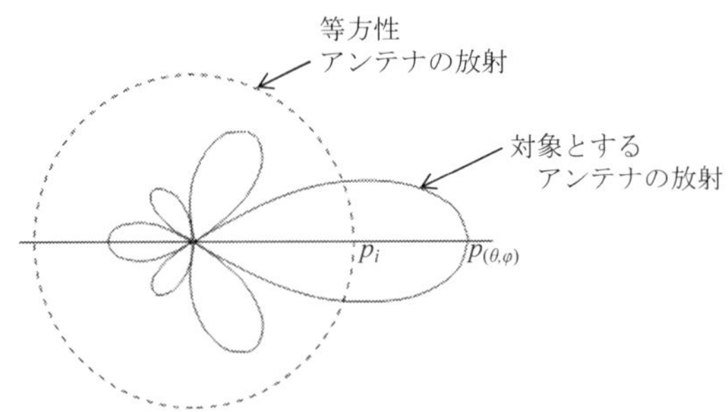

図 5.3.3　対象とするアンテナと等方性アンテナの放射電力密度

以上の議論より，利得 G のアンテナに電力 W を供給するとき，アンテナから距離 r 離れた点の電力密度 p と電界 E は，以下のように与えられる．

$$p=p_iG=\frac{W}{4\pi r^2}G,\quad E=E_i\frac{\sqrt{\eta_0 p}}{\sqrt{\eta_0 p_i}}=E_i\sqrt{G}=\frac{\sqrt{30WG}}{r} \tag{5.3.10}$$

5.3.3　微小ダイポールアンテナの利得

微小ダイポールアンテナの指向性は図 5.1.2 に示されており，$\theta=90°$で放射が最大になる．$\theta=90°$における放射電力密度 p は(5.1.8)において $\sin\theta=1$ として求められる．また，(5.1.9)で与えられている全放射電力 W_d を供給電力 W_r とし，これより(5.3.8)を用いて p_i を求めることができる．これらより，微小ダイポールアンテナの利得 G は，

$$G = \frac{3}{2} \tag{5.3.11}$$

となる.

5.3.4　入力インピーダンス

アンテナ入力端子に電圧 V をかけ，電流 I が流れればこのアンテナの入力インピーダンス Z は,

$$Z = \frac{V}{I} = R + jX \tag{5.3.12}$$

である. Z は一般に複素数であり, 抵抗成分 R とリアクタンス成分 X を持つ. 5.1.1 において算出している微小ダイポールアンテナの放射抵抗は抵抗成分 R_d である. 厳密にはアンテナに電流が流れるときの抵抗による損失分も含まれる. 一般には通常のマイクロ波回路と同様に $R >> X$ とし，かつ R をアンテナへの電力供給線路の特性インピーダンスと等しくしてアンテナ入力端子での反射をなくし，アンテナへの入力電力が効率よく放射されるようにする. 微小ダイポールアンテナは，$R << X$ であるために入力する電力の多くが反射してしまい，効率の面でいうと性能の悪いアンテナである.

5.3.5　実効長

ある長さの線状アンテナからの放射を扱う際に，電流分布は一定であると仮定すると放射が容易に求められる. このようにしたアンテナ長を実効長という. 以下の例で説明しよう.

図 5.3.4 のように長さ l の線状アンテナから r の距離における放射を求めるには，5.1.1 に述べたように電流値が一定の微小区間 dz を微小ダイポールとし，これからの放射を積分すればよい. $L << r$ であるので，$r \approx r'$，$\sin\theta \approx 1$ と近似すると(5.1.3)より,

$$E = j\frac{60\pi}{\lambda}\int_{-l/2}^{l/2}\frac{e^{-jkr}}{r'}I(z)\sin\theta dz \approx j\frac{60\pi}{\lambda}\frac{e^{-jkr}}{r}\int_{-l/2}^{l/2}I(z)dz \tag{5.3.13}$$

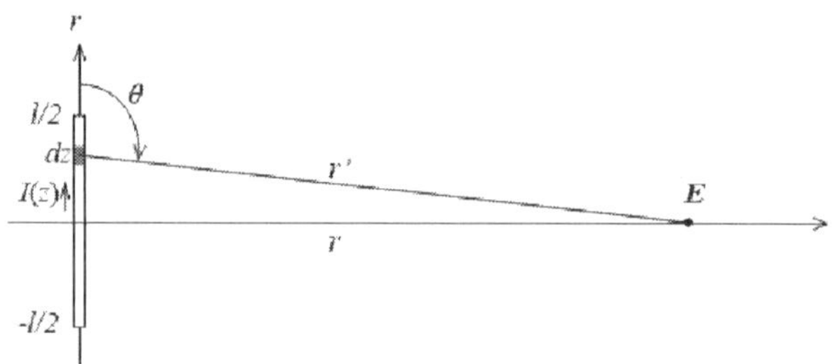

図 5.3.4　線状アンテナからの放射

である．ここで，

$$I_m L_e = \int_{-l/2}^{l/2} I(z)dz \tag{5.3.14}$$

なる l_e を定義すると，放射電界は(5.3.13)，(5.3.15)より，

$$\left|E\right| \approx \frac{60\pi}{\lambda r} I_m l_e \tag{5.3.15}$$

と求めることができる．このように定義された l_e を実効長という．

仮に $I_{(z)}$ は図 5.3.5(a)のようであるとし，電流最大値を I_m とする.これを同図(b)のように電流は I_m で一定な長さ l_e の線状アンテナを考えると両者の放射は等しくなる. 実効長は実際の長さよりも多少短めになる. 実効長を用いれば，放射電界は(5.3.13)の積分の計算をせずに(5.3.15)で容易に求められる.

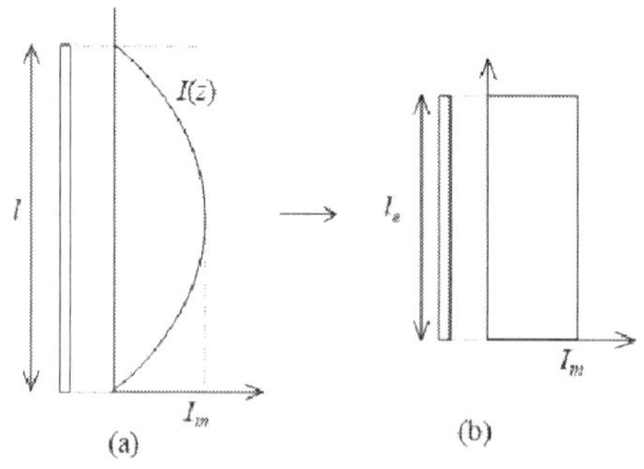

図 5.3.5　線状アンテナの実効長（a）線状アンテナ，(b)実効長 l_e

5.3.6　受信アンテナの等価回路

受信アンテナは到来する電磁波を受信して端子に電圧を発生させる素子である．図5.3.6(a)に示すように到来電磁波を受信したときに，開放したアンテナ端子に生ずる電圧をV_0とすると，等価電源の定理より，アンテナの等価回路は電圧源V_0，内部インピーダンスZの電源で表せる．ここでZは，可逆定理よりこのアンテナを送信アンテナとして用いたときの入力インピーダンスに等しい[2]．

アンテナが長さlの微小ダイポールアンテナであって，電磁波が図のように真横から到来し，かつ電界$\boldsymbol{E}$が素子に平行であるときV_0は，

$$V_0 = El \tag{5.3.16}$$

である．また，同図(b)のようにアンテナに負荷Z_Lを接続したとき，負荷に供給される最大電力W_mは（すなわちアンテナから取り出しえる最大電力は）電気回路よりZ_L=Z^* (Z^*はZの共役複素数)のときである．Zの実数成分Rは(5.1.11)で与えられる放射抵抗R_dに等しいとすると，

$$W_m = R_d I^2 = \frac{|V_0|}{4R_d} \tag{5.3.17}$$

になる．

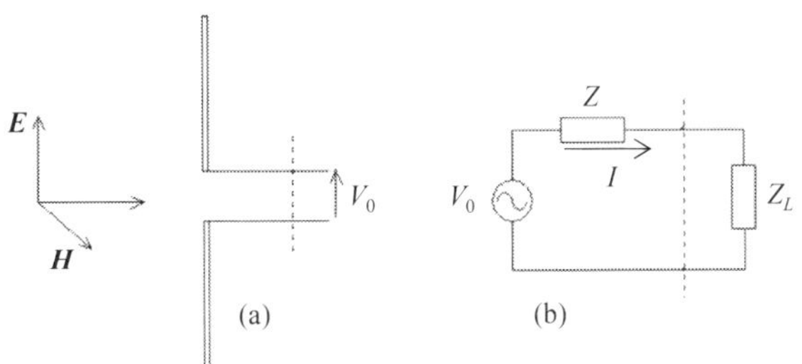

図5.3.6　受信アンテナの等価回路

[2]同じアンテナを送信，受信に用いるときは可逆定理が成り立つ．ただし，アンテナにフェライトなどの非可逆素子が使用されていないとする．

5. 3. 7　実効面積

図5.3.7に示すように到来電磁波の受信アンテナ開口位置での電力密度をp，アンテナ出力をW_mとする．アンテナ開口位置に面積A_eを仮定し，

$$W_m = A_e p \tag{5.3.18}$$

とするとき，A_eをこのアンテナの実効面積という．ここで，W_mはこのアンテナから取り出しえる最大電力である．

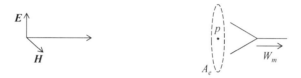

図 5. 3. 7　実効面積の説明図

受信アンテナの利得をG_rとするとき, G_rと実効面積との関係を求めよう．G_rは次式で与えられる．

$$G_r = \frac{W_m}{W_i} \tag{5.3.19}$$

ここでW_iは等方性アンテナでの受信電力である．また，G_rは対象とするアンテナを送信アンテナとして用いるときの利得に等しい．W_iの与え方がまだわからないが，これは何か具体的なアンテナのW_mとG_rにより(5.3.19)を用いて知ることができる. 例えば, 微小ダイポールアンテナでは, W_mは(5.1.11), (5.3.16)，(5.3.17)より，

$$W_m = (El)^2 \frac{1}{4}\frac{1}{80\pi^2}\left(\frac{\lambda}{l}\right)^2 = \frac{\lambda^2}{320\pi^2}E^2 \tag{5.3.20}$$

である．ここでG_rを(5.3.11)のGとすると次式になる．

$$W_i = \frac{W_m}{G_r} = \frac{\lambda^2}{4\pi}\frac{E^2}{\eta_0} = \frac{\lambda^2}{4\pi}p \tag{5.3.21}$$

したがって，等方性アンテナの実効面積を$A_{e(i)}$とすると(5.3.18)より，

$$A_{e(i)} = \frac{\lambda^2}{4\pi} \tag{5.3.22}$$

である．利得 G_r のアンテナの受信電力，実効面積 A_e は次のようになる．

$$W_m = W_i G_r = A_{e(i)} p G_r = \frac{\lambda^2}{4\pi} G_r p \tag{5.3.23}$$

$$A_e = \frac{\lambda^2}{4\pi} G_r \tag{5.3.24}$$

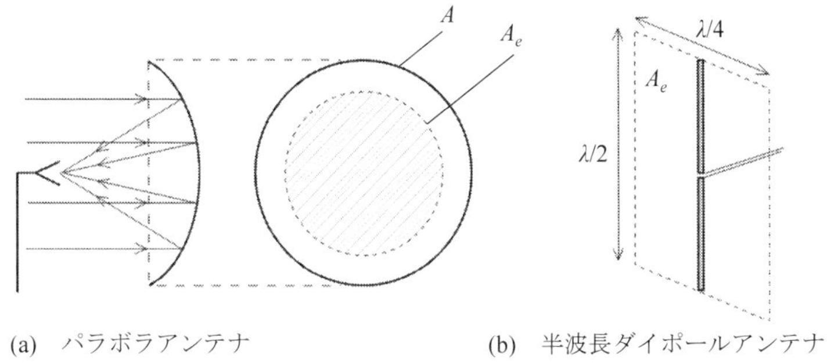

(a)　パラボラアンテナ　　(b)　半波長ダイポールアンテナ

図 5.3.8　アンテナの実効面積例

実効面積の意味は実際のアンテナ形状と関連をつけると理解しやすいと思われる．開口面アンテナの場合，開口面に侵入する電磁波が受信されるので理想的には開口面積が実効面積になるが，縁に入射する成分は受信されない．それで実効面積 A_e は実開口面積 A より少なくなり，その 50%~80%程度である．A_e と A の比 $A_e／A$ を開口効率 g という．

開口面アンテナの利得は実効面積がわかれば（または実面積と開口効率がわかれば），(5.3.24)から求めることができる.図 5.3.8(a)は開口面アンテナの実効面積の概念図を示す．実効面積は線状アンテナにも適用される．長さがおよそ半波長のダイポールアンテナではその利得 G_r は 1.64 である．(5.3.24)より，

$$A_e = \frac{\lambda}{2}\frac{\lambda}{2\pi}1.64 \approx \frac{\lambda}{2}\frac{\lambda}{4} \tag{5.3.25}$$

であるから，図 5.3.8(b)に示すように実効面積はおよそアンテナ長×アンテナ長／2 の長方形にほぼ等しい.

5. 3. 8　アンテナの配列

アンテナを複数個配列することによりアンテナ単体では得られない鋭い指向性を実現したり，あるいは指向性を電子的に制御することが可能になる．いま，図 5.3.9 (a) のように微小ダイポールアンテナ#1，#2，・・・を y 軸に沿って等間隔 d で n 個配列してあるとし，配列全体からの放射を求める．各アンテナへの給電は同振幅，同位相であるとする．観測点は配列から十分遠い点とし，アンテナ#1 と#2 から観測点までの距離を r, r'とする．まず，同図(b)のように観測点は xy 面内にあり, y 軸からの角度が ψ の方向にあるとする．図 5.1.2 に示すように一つのアンテナの xy 面内指向性は等方性である．(5.1.3)において $\theta = \pi/2$ とし，r と r'との差は図に示すように $d\cos\psi$ であるのでアンテナ#1 と#2 からの放射の合成 E_ψ は(5.1.3)より，

$$E_\psi = E_{\#1} + E_{\#2} = K\frac{e^{-jkr}}{r} + K\frac{e^{-jk(r-d\cos\psi)}}{r-d\cos\psi} \approx K\frac{e^{-jkr}}{r}\left(1+e^{jkd\cos\psi}\right) \quad (5.3.26)$$

である．ただし，K は係数であり，右辺の分母は $d \ll r$ であることから $r - d\cos\psi \approx r$ と近似している．したがって n 個のアンテナからの放射は,

$$E_\psi = K\frac{e^{-jkr}}{r}\left(1+e^{jkd\cos\psi} + e^{jk2d\cos\psi} \cdots\cdots \quad e^{jk(n-1)d\cos\psi}\right) \quad (5.3.27)$$

となる．図 5.3.9(c)は yz 面に観測点がある場合であり，同様に取り扱って,

$$\left.\begin{aligned} E_\psi &= K'\frac{e^{-jkr}}{r}\left(1+e^{jkd\cos\psi} + e^{jk2d\cos\psi} \cdots\cdots \quad e^{jk(n-1)d\cos\psi}\right) \\ K' &= \frac{jdl\eta_0\cos\theta}{2\lambda} = \frac{jdl\eta_0\sin(\pi/2-\psi)}{2\lambda} \end{aligned}\right\} \quad (5.3.28)$$

となる.

(5.3.27), (5.3.28)の右辺の係数 Ke^{-jkr}/r，$K'e^{-jkr}/r$ は微小ダイポールアンテナ 1 個の放射特性であり，(　　) は配列に伴う放射特性を表すものである．すなわちアンテナを配列したときの合成放射特性は,

（アンテナ 1 個の指向性）×（配列による指向性）

で与えられる．これを**指向性の積の原理**という．

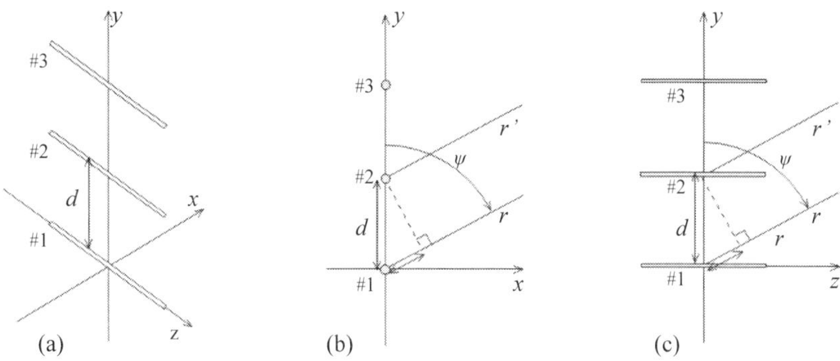

図 5.3.9 アンテナの配列 (a) **微小ダイポールアンテナの配列**，(b) xy **面に観測点がある場合**，(c) yz **面に観測点がある場合**

以上の議論は各アンテナに同相の電源で電力供給を行うことを前提としている．次に，#1 には V_0，#2 には $V_0e^{j\delta}$，#3 には $V_0e^{j2\delta}$・・・というように隣り合ったアンテナに δ ずつ位相をずらして給電することを考えよう．(5.3.26), (5.3.27)の級数項は次のように書き換えられる．

$$\left.\begin{aligned}&\left(1+e^{jkd\cos\psi}+e^{jk2d\cos\psi}\cdots\cdots\ e^{jk(n-1)d\cos\psi}\right)=\left(1+e^{j\phi}+e^{j2\phi}\cdots\cdots e^{j(n-1)\phi}\right)\\&\phi=kd\cos\psi+\delta\end{aligned}\right\}\quad(5.3.29)$$

この級数項の和の振幅を A とすると，

$$A=\left(1+e^{j\phi}+e^{j2\phi}\cdots\cdots e^{j(n-1)\phi}\right)=\frac{\sin\dfrac{n\phi}{2}}{\sin\dfrac{\phi}{2}}\qquad(5.3.30)$$

となるが，この級数は $\phi=0$ で最大値 n である．級数項が指向性を表すように最大値を 1 に規格化し，配列係数 F として次のように表す．

$$F=\frac{1}{n}A=\frac{1}{n}\frac{\sin\dfrac{n\phi}{2}}{\dfrac{\sin\phi}{2}}\qquad(5.3.31)$$

1) フェーズドアレイ

δ=0 のとき，放射最大となる方向は(5.3.31)より $\phi=0$ であるから，

$$\phi = 0 = kd\cos\psi, \quad \psi = \pm\frac{\pi}{2} \tag{5.3.32}$$

である．これに対し，δ=kdとすると，

$$\phi = 0 = kd\cos\psi + kd = kd(\cos\psi + 1), \quad \psi = \pi \tag{5.3.33}$$

となり，一方 δ=－kdとすると，

$$\phi = 0 = kd\cos\psi - kd = kd(\cos\psi - 1), \quad \psi = 0 \tag{5.3.34}$$

となる．したがって，δ を $-kd \to 0 \to kd$ と変化させるとこれに応じて最大放射方向が $\psi = 0 \to \psi = \pm\pi/2 \to \psi = \pi$ と変わることになる．6.3 節で述べるようにレーダではアンテナを水平面内で機械的に回転して放射方向を変えているが，δ を電子的に制御すれば，アンテナを回転せずとも放射方向を高速で変えることができる.このような技術をフェーズドアレイという．

$\psi = \pm\pi/2$ は配列の腹方向への放射でありこのような配列をブロードサイドアレイ，$\psi = 0$，$\psi = \pi$ は配列方向への放射であるのでエンドファイアアレイと言われている．図 5.3.10 にこれらの放射方向を示した．

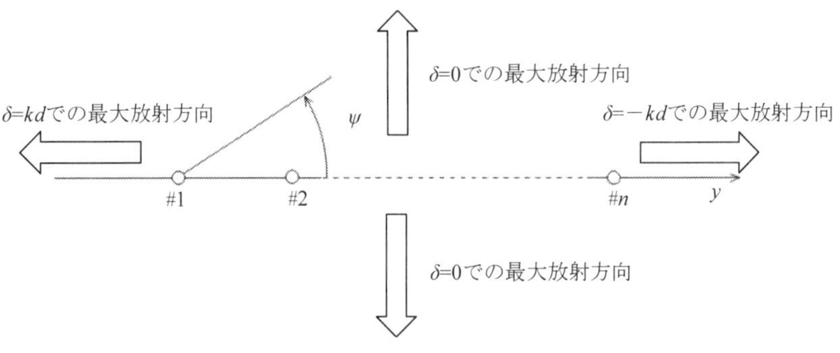

図 5.3.10　ブロードサイドアレイとエンドファイアアレイ

2)　グレーティングローブ

配列間隔 d によっては(5.3.32)－(5.3.34)に示される方向以外にも強い放射が発生する．放射方向は配列係数である(5.3.31)の F で与えられるが，この式からは直接はわかりにくいので図 5.3.11 により考察する．

$\delta = 0$ の場合を例にとろう．図 5.3.11 に示すように ψ 方向への放射では隣り

合うアンテナからの放射波の距離差は $d\cos\psi$ である．この距離が波長の整数倍，すなわち，

$$d\cos\psi = m\lambda,\quad m = \pm 1, \pm 2, \pm 3 \cdots \tag{5.3.35}$$

であれば，図の破線が波面となり，ψ 方向への放射がある．例えば d=2λ とすると，$m = \pm 1$ では $\psi = \pm\pi/3,\ \ \pi \pm \pi/3$，および $m = \pm 2$ では $\psi = 0,\ \ \pi$ の方向に放射がある．

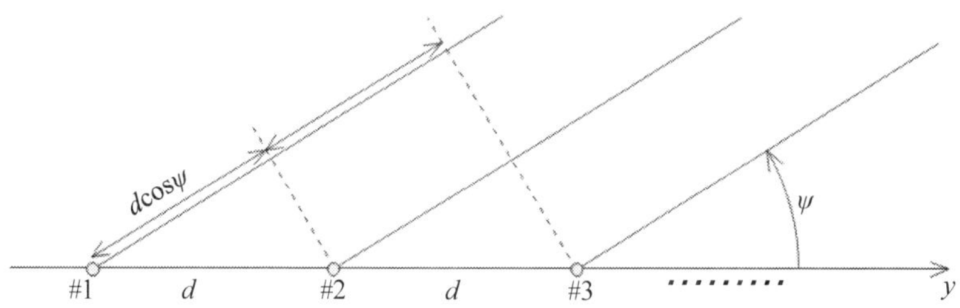

図 5.3.11　グレーティングローブ発生の説明図

このように，波面が揃う方向へ放射する成分をグレーティングローブという．なお，この他に，ψ=π/2 においても波面が揃うのでこの方向へ放射する成分があることも明らかであろう．

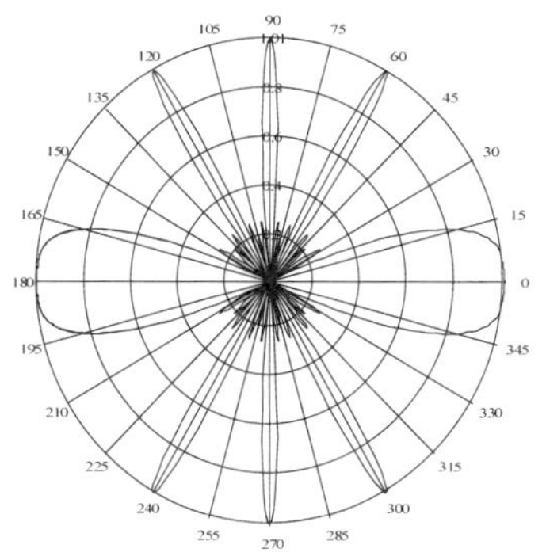

(*a*) f=1GHz、d=60cm(=2λ)、n=5

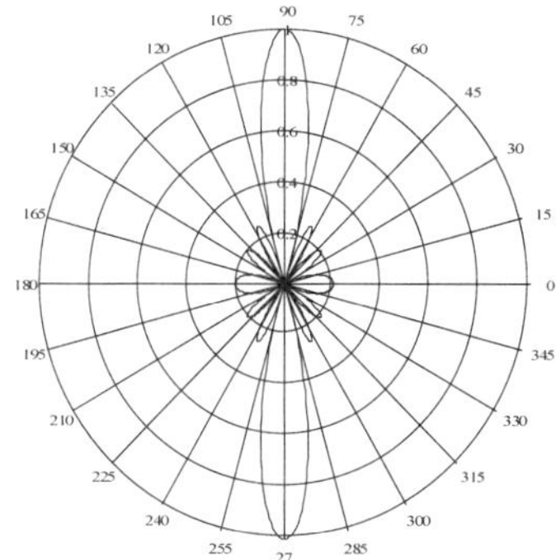

(*b*) f=1GHz、d=20cm(=0.66λ)、n=5

図 5.3.12　配列係数 F の計算例

もし，アンテナ間隔 d が $d<\lambda$ であれば(5.3.35)を満たす m はなく，したがってグレーティングローブは発生しない．一般に，アンテナを配列するときにはグレーティングローブが発生しないように，$d<\lambda$ の間隔でアンテナを配置する．図 5.3.12 は(5.3.31)の配列係数 F の計算例である．(a)は $d=2\lambda$ の場合であり，$\psi=\pi/2$ 以外に $\psi=\pm\pi/3$，$\pi\pm\pi/3$，$\psi=0$，π の方向に強い放射がある．これらのグレーティングローブによる放射はサイドローブとは異なり，放射の最大値は 1 であることに注意する．一方，(b)は $d=0.66\lambda$ の場合であり，$d<\lambda$ であるから $\psi=\pm\pi/2$ 以外には強い放射はない．

5.4　各種のアンテナ

実際に電磁波の送受信に用いられるアンテナには多くの種類がある．まずダイポールアンテナへの給電や出力回路に必要なバランについて述べ，次によく用いられる幾つかのアンテナを紹介する．

5.4.1　平衡・不平衡線路とバラン

アンテナを実際に送受信に用いる場合，伝送線路をアンテナに接続する．線状アンテナとして代表的なダイポールアンテナやモノポールアンテナを用いる際に必要となるのが伝送線路の平衡・不平衡という概念である．

１章において，特性インピーダンスが異なる線路を接続すると接続点で反射が生じることを学んだ．通信系においては，反射波の発生は電力伝送が最適に行われない他に信号のゆがみや雑音発生の原因にもなるので，各回路間を整合状態にして反射を無くすことは重要である．ところで反射波のような回路にとっての不要成分は特性インピーダンスの不整合だけでなく，平衡線路と不平衡線路の接続によっても発生する．平衡・不平衡は特性インピーダンスとは異なった概念であるので，これらについてもう少し詳しく述べよう．

平行２線は平衡線路であり，一方同軸線やマイクロストリップ線路は不平衡線路である．平衡２線を図 5.4.1(a)に示す．これを伝送線路で図(b)のように表す．電圧源 V を $V/2$ の直列接続で表し，それらの中点を接地すると(c)，(d)のように変形されるので，(a)は結局(e)，(f)のように接地面に対し $V/2$ と－

$V/2$ の電圧源で駆動する２つの伝送線路の対で表される．

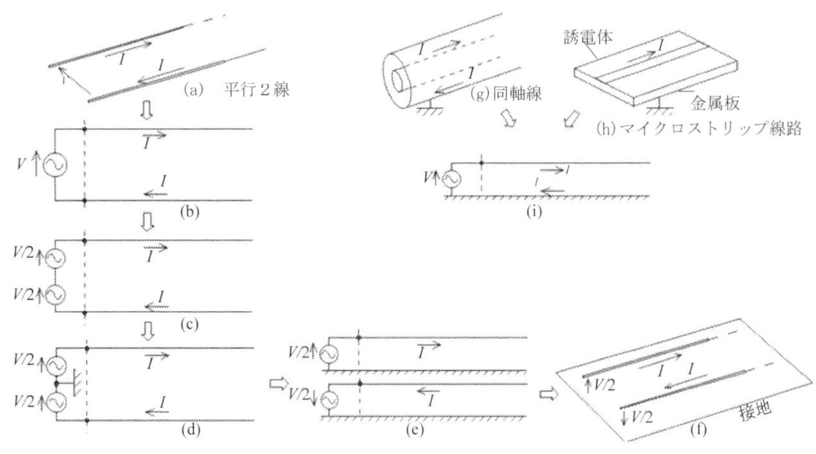

図 5.4.1　平衡線路と不平衡線路

一方，(g)，(h)の同軸線やマイクロストリップ線路はその構造から明らかなように接地導体を電流の帰路とする伝送線路(i)で表される．

図 5.4.1 の(e)は接地面に対して $V/2$ と $-V/2$ の２つの電源で駆動する伝送線路の対で表され，一方(i)は片方のみの線路だけで表される．これらのことより平行２線は平衡線路であり，同軸線やマイクロストリップ線路は不平衡線路であるという．

平衡線路と不平衡線路の接続が必要な場合がある．図 5.4.2(a)はダイポールアンテナの出力を平行２線と同軸線を介して受信機へ導く様子を示している．このとき平行２線と同軸線の接続箇所は図 5.4.1 の(d)と(i)より図 5.4.2(b)に示すようになる．端子 a は a’と接続するとして，端子 b は b’と接続すると接地の電位になってしまう．このまま接続してよいだろうか？平衡線路と不平衡線路を直接接続するとこのような不具合が発生してしまう．

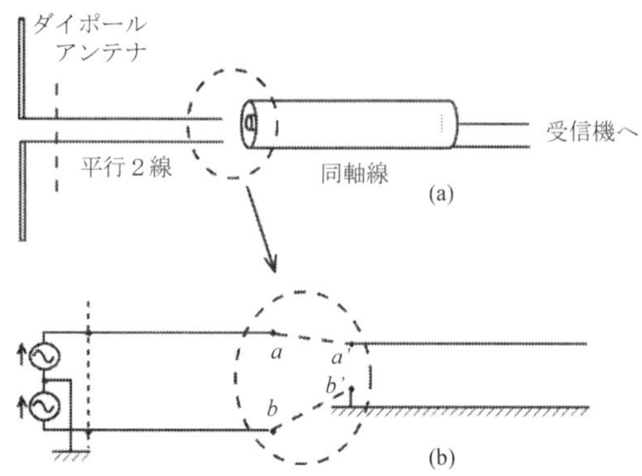

図 5.4.2　平衡線路と不平衡線路の接続

平行２線と同軸線はそれぞれ２端子ずつしかないので，a と a'，b と b'とを接続したとする．このとき，回路的な不具合を解消するために，図 5.4.3(a)のように，平行２線には I_1 と I_2 が流れて $I_1 \neq I_2$ となる．同軸線では３章図 3.1.5で示したように，同軸線内導体表面に流れる電流は I_1 であり，外部導体の内側表面には原理的に内導体と同じ電流 I_1 が反対方向に流れる．それで平行２線との差分 $I_1 - I_2$ の電流は同軸線外導体の外側に漏れ出ることになる[3]．

$(I_1+I_2)=2I_n$，$I_1 - I_2=2I_c$ とすると，I_n は平行２線の各線を互いに逆方向に流れる成分，I_c は平行２線の両線を同方向に流れる成分である．I_n は本来のアンテナ出力成分であり，一方 I_c は接続部不具合により発生した成分である．

平行２線の各線に流れる電流は本来なら同振幅，逆方向であり，離れた位置から見れば電流は打ち消されて平行２線からの電磁波放射はない．また，同軸線外導体の外皮に流れる電流は，本来はない成分なので，同軸線からの放射もないのであるが，I_c があると給電部の平行２線や同軸線から電磁波放射が発生するなど本来の機能を損なってしまう．このようなことが発生しないように，平衡線路と不平衡線路とは変成器や，平衡－不平衡変換回路（バランとも呼ばれる）を介して接続される．

---

[3] I_1 と I_2 がどのような比率になるかはこの接続部だけでなく，系全体の回路より定まる．

図 5.4.3(b)はスペルトップと呼ばれるバランの一種で，同軸線の内導体，外導体である#1, #2 にさらに#2 と#3 より成る同軸線を加えた構造をしている．#3 は片側端部を短絡してあり，もう一方の端部（図の左側）面は開放されている．#3 同軸部の長さが $\lambda/4$ となる周波数に於いては開放面位置の入力インピーダンス Z_{in} は∞になる．それで，この面からの電流の流れ込みはなくなるので $I_1-I_2=0$ であり，その結果，平行２線の片側の電流 I_2 は I_1 に等しく，$I_c=0$ となる．

半波長ダイポールアンテナに同軸線路を直接接続すると，同軸線外導体の外側面を電流が流れてしまうのでアンテナ特性を大きく変えてしまったり，あるいは周囲雑音を拾うなどの悪影響が発生する．平衡線路と不平衡線路を接続する場合は平衡－不平衡変換回路が用いられる．

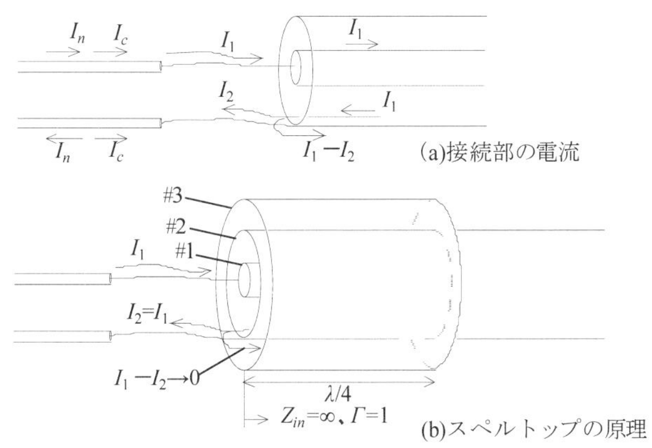

図 5.4.3　平行 2 線と同軸線の接続，およびバランの例

5.4.2　半波長ダイポールアンテナとモノポールアンテナ

図 5.4.4 のように長さ l の細長い金属棒を 2 分割して入出力端子とする．長さ l がおよそ半波長なのでこの名前がある．線状アンテナの基本となるアンテナであり，相対利得は半波長ダイポールアンテナの利得を基準とする値である．電流はアンテナ両端で 0，中央で最大値になる分布になる．これを正

弦波状に近似し[4]，最大値を I_m，金属棒長さを l とし，中心が $z=0$ にあるとする．電流分布 $I(z)$は次のように表される．

$$I(z) = I_m \sin\left\{k\left(\frac{l}{2} - |z|\right)\right\} \tag{5.4.1}$$

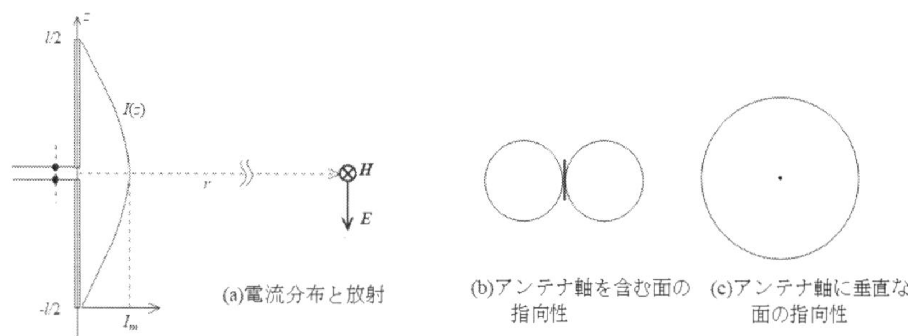

図 5. 4. 4　半波長ダイポールアンテナ

金属線長さが半波長のときの入力インピーダンスは $73+j42\Omega$ である．金属線長を短くするとインピーダンス虚数部は小さくなるので，実際には線長を半波長よりも多少短くして虚数部が 0 になる周波数で用いる．

放射特性は(b)，(c)に示すようにアンテナ軸を含む面内では８の字特性，アンテナ軸に垂直面内では等方性である．したがって送信アンテナとしてはアンテナ真横方向に最も強く電磁波を放射し，受信アンテナとしては真横から到来する電磁波を受信する．偏波面は(a)に示すようにアンテナ軸を含む面内であり，これに直交する偏波で到来する成分は受信しない．

半波長ダイポールアンテナの実効長を求めよう．実効長 l_e は 5.3.5 の(5.3.14)の $I(z)$に(5.4.1)を代入すると，

$$l_e = \frac{1}{I_m}\int_{-l/2}^{l/2} I_m \sin\left\{k\left(\frac{l}{2} - |z|\right)\right\} dz = \frac{\lambda}{\pi} \tag{5.4.2}$$

となる．金属棒長さ l は $\lambda/2$ であるから，実効長 l_e はおよそ $2l/3$ である．

半波長ダイポールアンテナの絶対利得 G_d は(5.3.10)より $G_d = p_d / p_i$ である．

---

[4]電流分布は正確には正弦波状の分布から多少ずれる．

ここで，p_d，p_i はそれぞれ半波長ダイポールアンテナ，等方性アンテナからの放射電力密度である．等方性アンテナへの供給電力 W_i と半波長アンテナへの供給電力 W_d は等しいとし，W_d=73$|I_m|^2$ とする．また，半波長アンテナからの放射電界 E_d は(5.4.2)の実効長 l_e を用いると(5.3.15)より，

$$G_d = \frac{p_d}{p_i} = \frac{p_d}{\left(\frac{W_i}{4\pi r^2}\right)} = \frac{p_d}{\left(\frac{73|I_m|^2}{4\pi r^2}\right)},\ \ p_d = \frac{|E|^2}{\eta_0} = \frac{1}{\eta_0}\cdot\left|\frac{60\pi}{\lambda r} I_m \frac{\lambda}{\pi}\right|^2 \qquad (5.4.3)$$

となり，G=1.64(2.15dB)である．

半波長ダイポールアンテナと送受信機の接続には平衡線路が必要である．一方，送受信機の入出力は不平衡線路である同軸線やマイクロストリップ線路が多い．そのため，アンテナに 5.4.1 で説明したバランを予め組み込んだり，また，種々の周波数で用いる場合に便利なように，長さを可変できる構造にするなどの工夫がされている．

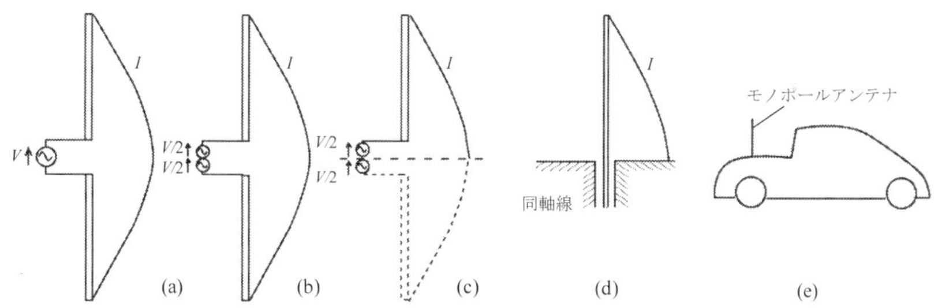

図 5.4.5　ダイポールアンテナからモノポールアンテナへの変換

半波長ダイポールアンテナでは $\lambda/4$ 長さの金属線を 2 本使用するが，これを図 5.4.5 に示すように(a)→(b)→(c)のように変形して接地面上に設けた 1 本で済ませ，もう片方は鏡像を利用するようにしたアンテナをモノポールアンテナという．このようにするとアンテナ長が半分になるので特に低周波帯では設置に有利になる．また，同図(d)からわかるように，モノポールアンテナは同軸線で（すなわち不平衡線で）直接給電できるのでバランが不必要であることも特徴である．接地面は，低周波用の大型アンテナでは大地を利用する．車のラジオ用アンテナは同図(e)のように車体金属面を接地面として利用

するモノポールアンテナである.

5. 4. 3　八木一宇田アンテナ

図 5.4.6(a)に示すように半波長ダイポールアンテナ#0 の近傍にもう一本の金属棒 #1 を置く. 金属棒 #1 には給電しなくとも, 半波長ダイポールアンテナに流れる電流 I_0 により放射される電磁波を受信して電流 I_1 が流れ, 金属棒#1 からも電磁波が再放射される. したがって半波長ダイポールアンテナ#0 と金属棒 #1 で 5.3.8 に述べたアレイを構成することができる. 半波長ダイポールアンテナを給電素子, 金属棒 #1 を無給電素子という.

無給電素子についてその役割をわかりやすくするために具体例を引いて説明する. 同図(b)は金属棒に平面波が入射するときに, 金属棒中心における電流の振幅 I_m と位相 φ を求めたものである. ここで位相 φ は, 金属棒軸における入射波の位相を基準とする値である. 計算例では金属棒の長さは 500mm であり, 275MHz で共鳴する特性を示している. 共鳴周波数付近での電流は振幅, 位相ともに変化するが, ここでは位相の変化に注目し, 共鳴周波数より低い周波数では $\varphi\approx\pi/2$, 共鳴周波数より高い周波数では $\varphi\approx-\pi/2$ と粗く近似しよう.

金属棒#0 に I_0 を流し, その共鳴周波数の電磁波を周囲に放射している状態で, 金属棒#1 を図 5.4.6(a)のように配置し、金属棒同士の間隔 d を $\lambda/4$ とする. 金属棒#1 への入射波は金属棒#0 からの放射波である. I_0 と I_1 の関係が求まればこのアレイからの放射がわかるが, この計算の説明は本書の程度を超えてしまうので, 次のように簡単化して考えよう.

金属棒#0 からの放射波の位相は, 金属棒#1 の軸の位置では, (5.1.3)より $\theta=\pi/2$, $r=\lambda/4$ として類推すると, I_0 と同相である. したがって, 上に述べた共鳴周波数付近における金属棒長さと位相変化との関係を用いれば, 金属棒#1 を#0 より多少長くすれば, #1 の共鳴周波数は#0 のそれよりも低くなるので, I_1 の位相は I_0 に対して $\pi/2$ だけ遅れることになる. 逆に金属棒 #1 を#0 より多少短くすれば I_1 の位相は I_0 に対して $\pi/2$ だけ進む.

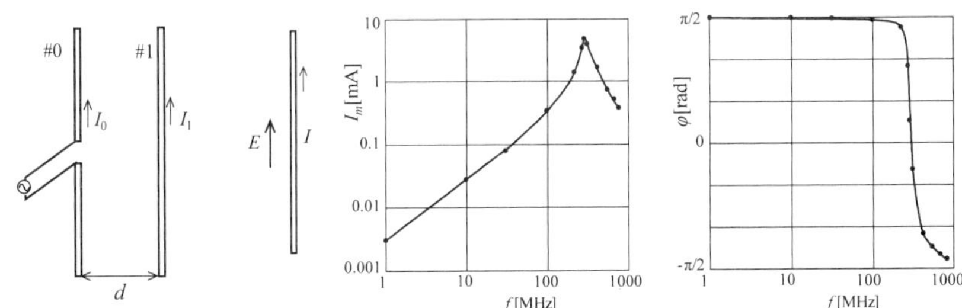

(a)給電素子#0と無給電素子#1

(b) 金属棒に平面波が照射するときの電流計算例
E=1V/m, 長さ500mm, 直径5mm

図 5.4.6　給電素子と無給電素子の配列

#0, #1 からの放射波を E_0, E_1 とする．これらは各々I_0 と I_1 が波源となるので I_0 と I_1 にしたがって位相差を持つ．E_0 と E_1 の振幅は等しいと簡単化し，#0 と#1 の軸を結ぶ線上で E_0 と E_1 を合成する．金属棒 #1 が#0 がよりも長いときの放射波を模擬的に描くと図 5.4.7(a)のようになり（図では E_0 を実線で，E_1 を破線で表している），E_0 と E_1 の和は#0 から#1 へ向かう方向では打ち消しあい，逆に#1 から#0 へ向かう方向では強めあう．この場合，#1 は#0 からの放射波を反射する作用があると解釈し，#1 を反射器という．

一方，金属棒 #1 が#0 よりも短いときの放射波は同図(b)のようになり，E_0 と E_1 の和は#0 から#1 へ向かう方向では強めあい, #1 から#0 へ向かう方向では打ち消しあう．この場合は, #1 は#0 からの放射波を導く作用があると解釈し，#1 を導波器という．

以上やや強引な仮定をしたが，無給電素子の作用を説明できた．実際には E_0 と E_1 は同振幅にはならないなど現象は複雑であるが, 無給電素子を共振状態にある給電素子（半波長ダイポールアンテナ）と組み合わせると，共振状態よりも長い金属棒は反射器としての作用があり，短い金属棒は導波器としての作用があるので，指向性アンテナを構成することができる．

図 5.4.8 は#0 に給電し，金属棒 #1 を反射器，金属棒 #2，#3 を導波器とした例である．図の矢印方向が最大放射方向であるので，エンドファイア型のアレイである．このような構成のアンテナは発明者の名をとって八木－宇田

アンテナと呼ばれ，VHF 帯からマイクロ波帯のアンテナとして家庭用から業務用まで広く用いられている．導波器を多数本配列するとさらに利得を高めることができる．導波器は1本から 20 本くらいまでが実用化されており，最大で 13dB 程度の利得が得られる．給電は，半波長ダイポールアンテナと同じく平衡給電が必要である．

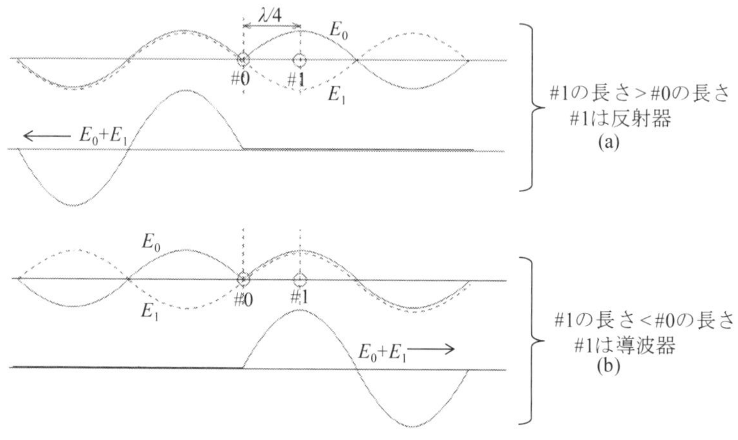

図 5.4.7　反射器と導波器の作用

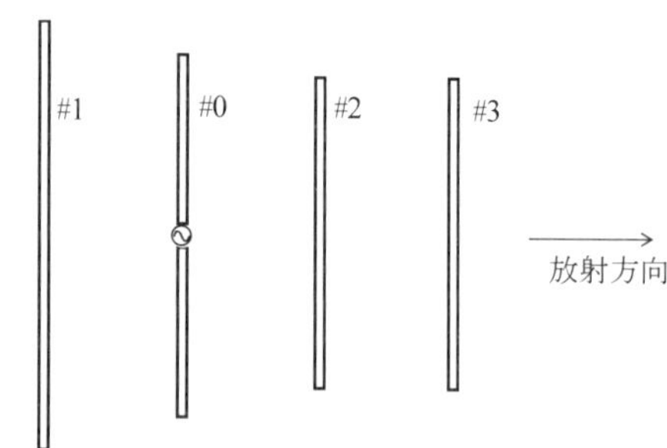

図 5.4.8　八木―宇田アンテナの例

5.4.4　開口面アンテナ

1)　ホーンアンテナ

図 5.4.9 に示すように矩形導波管や円形導波管の端面を徐々に広げた形のアンテナをホーンアンテナという．5.2 において説明したように，開口の面積が大きくなるほど利得が高い．ただし，開口は導波管から急激に広げると開口中央と端の部分で位相差が生じたり，また特性インピーダンスが急激に変わるために開口部での反射が大きくなるなどの不具合が発生する．導波管から開口までは徐々に広げることが必要である．ホーンアンテナ開口部の電磁界は導波管モードから得られるので放射波を数値的に計算しやすいことや，機械的に丈夫なのでマイクロ波測定における標準アンテナとして用いられることもある．利得は 10dB~20dB 程度である．

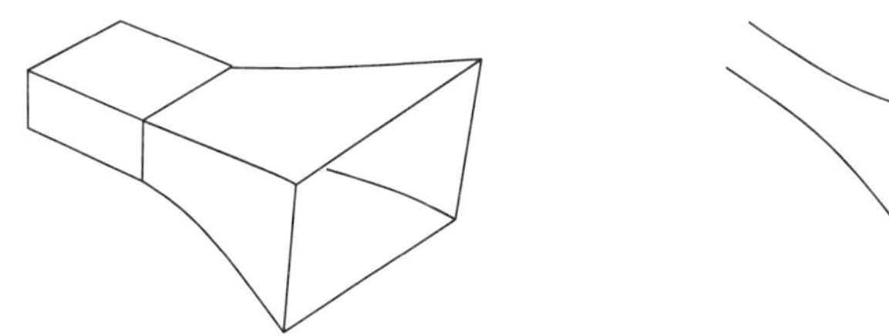

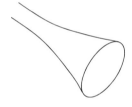

図 5.4.9　ホーンアンテナの例

開口面アンテナの開口は導波管開口寸法の数倍程度になるので低周波になるほど大型になる．またミリ波になると導波管の伝搬損失が大きくなる．これらのことより，ホーンアンテナがよく用いられるのはおよそ数 100MHz－数 10GHz の帯域である．

導波管開口を広げたホーンアンテナの周波数帯域は，給電部の導波管の帯域と同じであり，比較的狭帯域である．広帯域に渡る測定に使用するアンテナでは帯域を広くする工夫がなされている．図 5.4.10(a)はリッジ導波管と言われるもので，導波管にくぼみをつけ，相対するくぼみ部分が周波数特性の広い平行板線路に近い働きをする作用を利用して広帯域化した導波管である．同図(b)はリッジ導波管の開口を広げて開口面アンテナにしたもので，リッジガイデドアンテナと呼ばれる．製品化されているものでは，一つのアンテナの帯域は 1GHz~18GHz であり，通常の導波管型ホーンアンテナ（例えば X バンド用アンテナでは 7GHz~12GHz）に比べてだいぶ広くなる．

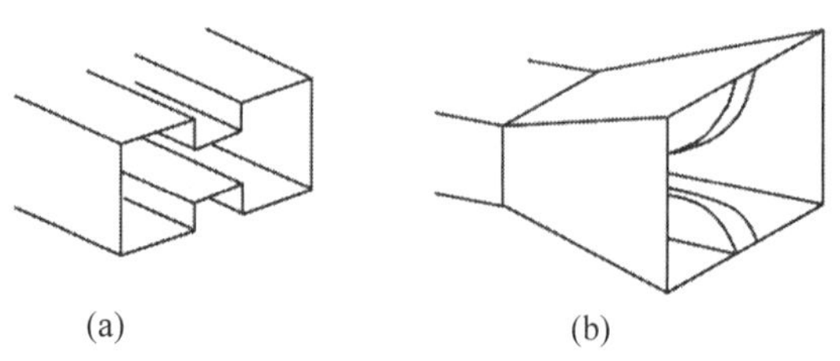

図 5.4.10　リッジ導波管とリッジガイデドアンテナ

2)　反射鏡を用いるアンテナ

金属平板の広さが波長に比べて非常に大きい場合，金属板による電磁波の反射特性は光を反射する鏡に似てくるので，金属板を反射鏡として用いるアンテナが可能である．反射鏡アンテナは金属板の放物面を反射板とし，その焦点に一次放射器，あるいは副反射鏡を置く構造をしており，図 5.4.11 に示すようにいくつかの種類がある．(a)はパラボラアンテナ，(b)はカセグレンアンテナ，(c)は放物面の一部を反射鏡として利用するタイプでオフセットアンテナと呼ばれる．

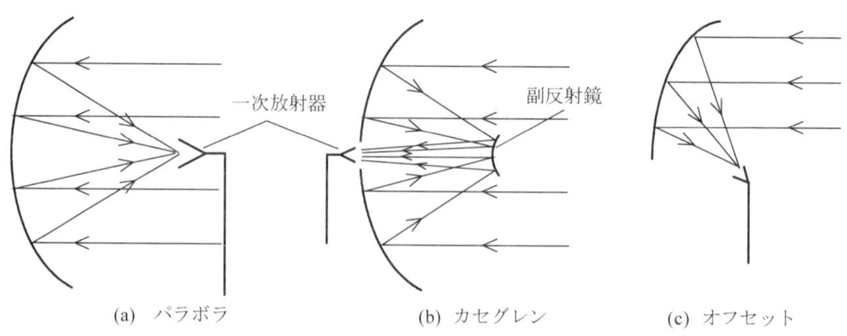

図 5.4.11　各種の反射鏡アンテナ

反射鏡アンテナの大きさと利得Gの関係は実効面積より求めることができる．反射鏡直径をD，開口面積（反射鏡の面積）をA，実効面積をA_e，開口効率を$g(=A_e/A)$とすると(5.3.24)より，

$$G = g\left(\frac{\pi D}{\lambda}\right)^2 \tag{5.4.4}$$

となる．利得はD/λの比が大きいほど，すなわち反射鏡の直径が大きく，かつ周波数が高いほど大きい．したがって，波長の短いマイクロ波からミリ波帯での高利得アンテナとして使用される．例えば，BSやCS用の家庭用受信アンテナとしてパラボラアンテナがよく用いられる．反射鏡の直径は約30cmであり，これを30GHzで用いるとすると，g=0.5としてG≈35dBである．

反射鏡アンテナは家庭用アンテナ以外にも，情報通信システムの送受信装置として重要な役割を担っている．地上通信網では反射鏡アンテナを介して各種のマイクロ波回線が巡らされているし，空港や大型船ではパラボラアンテナを水平面内で機械的に回転するようにしたレーダがよく見られる．衛星通信や宇宙通信の地上局アンテナとしては微弱な電波を受信することが必要になり，直径10m以上の巨大な反射鏡アンテナが用いられる．さらに，星からの電波を受信して宇宙を研究する電波天文ではできる限り高利得のアンテナが求められ，電波雑音の少ない標高の高い地域に直径40mにもおよぶ大口径反射鏡を複数台配列したアレイが用いられている．

演習問題

5.1　(5.1.9)を導出せよ．

5.2　(5.2.12)を導出せよ．

5.3　(5.2.13)を導出せよ．

5.4　開口面アンテナにおいて開口面上の波源分布が一様であると近似する．開口面寸法が50mmのアンテナを10GHzで使用すると半値幅θ_Bはいくらか．また，同じ周波数で開口面寸法が100mmのアンテナを用いると半値幅θ_Bはいくらか．

5.5　長さlの微小ダイポールアンテナの電流分布を最大値I_{m}，両端で0の正弦波状に近似する．実効長l_eはいくらか．

5.6　受信アンテナ位置の到来電磁波の電力密度を p，受信アンテナの実効面積を A_e とする．

1)　受信アンテナから引き出せる最大出力 W_m はいくらか．

2)　受信アンテナ利得を G_r とするとき，このアンテナの実効面積 A_e はいくらか．ただし，等方性アンテナの実効面積を $A_{e(i)}$ とする．

3)　長さ半波長のダイポールアンテナの実効面積 A_{ed} は，アンテナ長を l とすると $A_{ed} \approx l \times l/2$ である．これを利用して半波長ダイポールアンテナの利得 G_r を求めよ．

5.7　開口が半径 2m のパラボラアンテナの利得 G は 10GHz で 10^5 であるとする．このアンテナの実効面積 A_e，開口効率 g を求めよ．

5.8　実開口面積が $0.09\mathrm{m}^2$ のパラボラアンテナがある．このアンテナを 30GHz で用いるときの利得 G を求めよ．開口効率 g は 0.6 とする．

5.9　次の各問いに対する文章を作成せよ．

1)　指向性，絶対利得，相対利得の各用語を用いてアンテナの放射特性を説明せよ．

2)　ホイヘンスの原理，フレネル領域，フラウンホーファ領域，フーリエ変換の各用語を用いて開口面アンテナの放射特性を説明せよ．

3)　放射電力密度，実効面積，開口効率，アンテナ利得の各用語を用いてパラボラアンテナの受信電力を説明せよ．

4)　指向性の積の原理，ブロードサイドアレイ，エンドファイアアレイ，グレーティングローブの各用語を用いて配列アンテナの指向性を説明せよ．

5)　平衡線路，不平衡線路，バラン，不要電磁波放射の用語を用いてアンテナと受信回路との接続に関して説明せよ．

参考文献

この章では全体的に次の文献を参考にした．

1)　藤本京平，入門電波応用，共立出版，2000 年 3 月．

2)　稲垣直樹，電気・電子学生のための電磁波工学，丸善，1980 年 9 月．

3)　飯塚啓吾，光工学，共立出版，昭和 53 年 9 月．

4)　安達三郎，佐藤太一，電波工学，森北出版，平成 20 年 3 月．

第6章　電波伝搬

6.1　電磁波の送受信

アンテナを介して信号を伝達するためには，送受信間で周波数や変調方式，アンテナ指向性を合わせるのは当然であるが，その他に偏波も考慮しなければならない．また，安定な情報伝送を確保するためには送受信アンテナ間の減衰量や伝搬路途中の障害物の影響を見積もることが必要になる．この節では電磁波の送受信に関する基礎的なことを学ぶ．

6.1.1　直線偏波と円偏波

２章では進行方向を z 軸方向にとり電界 $\boldsymbol{E}$ は x 軸，磁界 $\boldsymbol{H}$ は y 軸を向いているとして平面波を説明した．電界がある特定方向を向くことを偏波といい，電界の振動する面を偏波面と言う．例えば，「図 2.1.3 に描かれている平面波の偏波面は xz 面である」という．進行方向を z 軸に固定した場合，$\boldsymbol{E}$ は z 軸に垂直な xy 面内で任意方向を向くことができ，実際にどの方向を向くかは発生源により定まる．

図 6.1.1(a)はダイポールアンテナからの放射であり，アンテナ軸を含む面が偏波面である．同じく(b)は開口面アンテナからの放射であり，図に示すアンテナ開口長辺に垂直な面内で $\boldsymbol{E}$ が振動するので，この面が偏波面である．

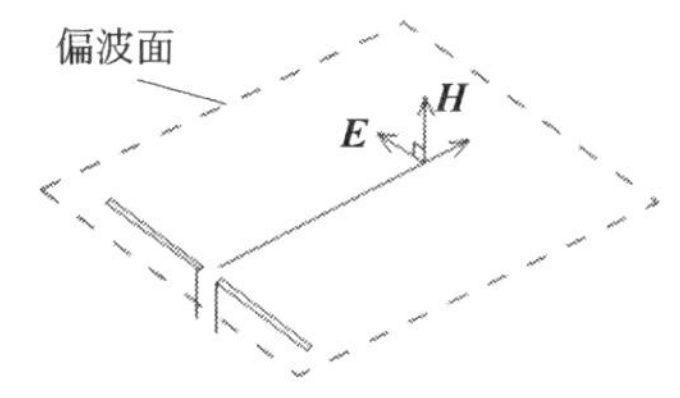

(a)　ダイポールアンテナからの放射

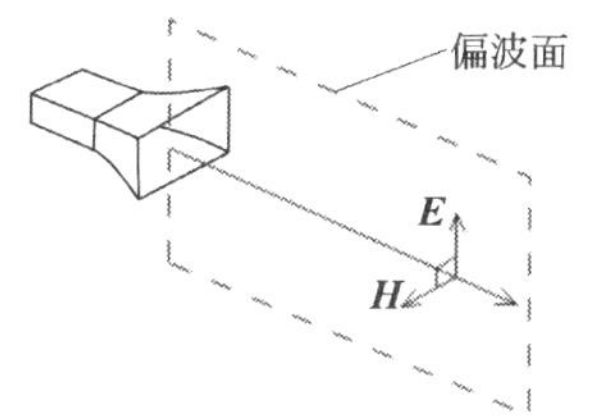

(b)　ホーンアンテナからの放射

図 6.1.1　アンテナから放射される電磁波の偏波面

偏波面が xz 面であるという場合の偏波面は，単に座標軸の設定によるのであるが，地上の電波伝搬では大地面を基準にして偏波面を表す．図 6.1.2 に示すように，大地面に対して偏波面が垂直である偏波を垂直偏波，水平である偏波を水平偏波という．垂直偏波，水平偏波は送信アンテナの設定によって定まる．ラジオの AM 放送や FM 放送には垂直偏波が用いられている．VHF テレビでは水平偏波であったが，UHF の地上デジタル放送では垂直偏波が用いられている．どちらの偏波を用いるかは，大地上電波伝搬の減衰特性などから決定される．以上述べた偏波は時間によらず一定の面が偏波面である．このような偏波を「直線偏波」と言う．

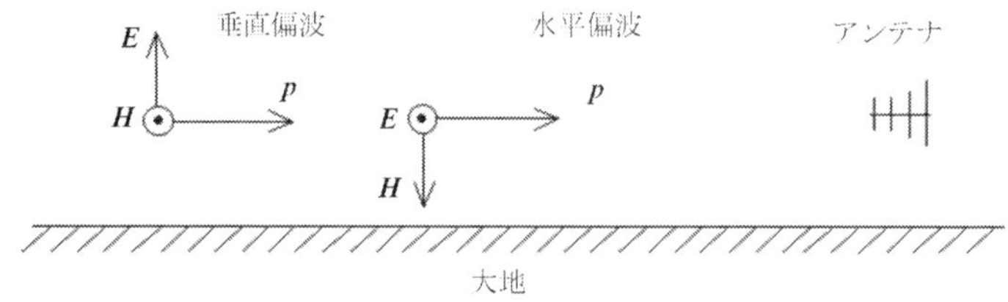

図 6.1.2　垂直偏波，水平偏波

これに対し，時間が 1 サイクルだけ経過すると偏波面が 1 回転する偏波を「円偏波」と言う．円偏波は偏波面が直交する 2 つの直線偏波を合成することで得られる．図 6.1.3(a)に示すように，$+z$ 方向に伝搬する偏波面が xz 面の平面波 1 と偏波面が yz 面の平面波 2 の合成をしてみよう（図を見やすくするために電界のみを描いており，磁界は省略してある）．平面波 2 の位相は平面波 1 よりも $\pi/2$ 遅らせてある．

$$\boldsymbol{E} = \boldsymbol{E}_1 + \boldsymbol{E}_2 = \boldsymbol{e}_x E_x e^{j\omega t} + \boldsymbol{e}_y E_y e^{j\theta} e^{j\omega t}, \quad \theta = -\pi/2 \tag{6.1.1}$$

ただし，$E_x=E_y$ とする．図に示してある状態の時刻を $t = t_0$ とする．時間が t_0, t_1，…t_4 と経つにつれて電磁波が進行し，$t = t_1$ では z_2 の位置にある電磁波が z_1 まで進み，$t = t_2$ では z_3 の位置にある電磁波が z_1 まで進み，・・・・$t = t_4$ では z_5 の位置にある電磁波が z_1 まで進むとする．各時刻での z_1 における $\boldsymbol{E}$ を $\boldsymbol{E}(t_0)$, $\boldsymbol{E}(t_1)$,・・・としてこれらを描くと，同図(b)に示すように $\boldsymbol{E}$ の先端が円周上を周回し,偏波面が回転する.このように偏波面が回転する偏波を円偏波という.

円偏波の回転方向は右回りと左回りの2通りあり，それぞれ右旋円偏波，左旋円偏波という．右旋か左旋かは進行方向を見たときの方向で定める．(b)では左回転（反時計方向回転）なので左旋円偏波という[1].

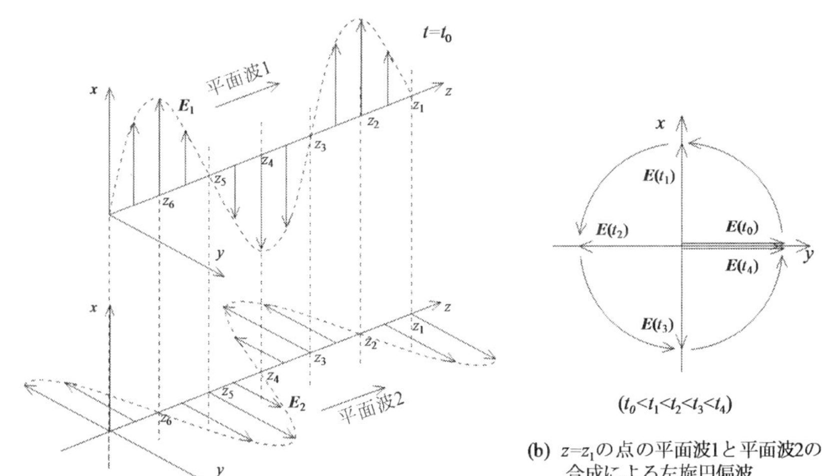

(b) $z=z_1$の点の平面波1と平面波2の合成による左旋円偏波

(a) 平面波1と平面波2　（磁界は省略し、電界のみを描いている）

図 6.1.3　直線偏波の合成による円偏波

(6.1.2)において$E_x \neq E_y$であれば$\boldsymbol{E}$の回転は楕円状になる．これを楕円偏波という．直線偏波，円偏波，楕円偏波については以下の関係がある．詳しい説明は省略するが図6.1.3を参考にして読者自ら確認されたい.

(1)　(6.1.1)において$\theta=-\pi/2$であれば左旋円偏波，$\theta=\pi/2$のときは右旋円偏波になる．また$\theta=0$，$\pm\pi/2$であれば合成しても直線偏波である.

(2)　振幅が等しく回転方向が逆である2つの円偏波を合成すると直線偏波になる．逆に，直線偏波は回転方向が逆の2つの円偏波に分解できる.

(3)　楕円偏波は円偏波と直線偏波の合成である.

[1]光学では到来方向を見て回転方向を定めるので電磁波とは回転方向の表現が逆になる.

円偏波は偏波面を特定しない方が便利な場合の放送や通信に用いられる．たとえばGPS（Global positioning system）では右旋円偏波が用いられており，ETC（Electric Tall Collection; 有料道路自動料金収受システム）では右旋円偏波が用いられている．

放送や通信では送受信間で偏波を一致させることが必要である．図 6.1.2は八木アンテナで受信する様子を示しており，素子が大地に垂直であるので垂直偏波を受信する．水平偏波の成分に対しては偏波面がアンテナの偏波と直交するので受信しない．すなわち垂直偏波と水平偏波の両成分が同時にアンテナに入射しても，このアンテナでは偏波面が平行な垂直偏波のみを受信し，偏波面が直交する水平偏波成分は受信しない．一般に，放送や通信に用いる偏波を主偏波，これと直交する偏波を交差偏波という．交差偏波は完全に受信しないことが理想であるが実際のアンテナではわずかながら受信してしまう．主偏波と交差偏波との受信強度の比を交差偏波識別度という．

自動車の衝突防止レーダでは直線偏波の偏波面を大地面に対して $\pi/4$ だけ傾けており，偏波の直交性を利用して自車レーダの反射成分は受信するが対向車のレーダ波は受信しないようにしている．円偏波では右旋と左旋の偏波は直交関係にある．BSやCSなどの衛星放送では円偏波の直交性を利用して放送エリアの区分けをしている．

6.1.2　電磁波の送受信

図 6.1.4 のように利得 G_t のアンテナに電力 W_t を供給し，利得 G_r のアンテナで受信するときの受信電力を求めよう．送受信アンテナ間の距離は r とする．受信アンテナからは5.3.6 で述べた最大電力 W_m の受信電力が得られるとする．受信アンテナ位置の放射電力密度 p は(5.3.10)で与えられ，受信電力 W_m は(5.3.23)で与えられるので，

$$W_m = \frac{\lambda^2}{4\pi} G_r p = \frac{\lambda^2}{4\pi} G_r \frac{W_t}{4\pi r^2} G_t = \left(\frac{\lambda}{4\pi r}\right)^2 G_t G_r W_t \tag{6.1.2}$$

となる．ここで，右辺の（　）の逆数を，

$$\left(\frac{4\pi r}{\lambda}\right)^2 = L_0 \tag{6.1.3}$$

とし，L_0を空間の伝搬損失と言う．L_0はアンテナに関係なく，周波数と距離rのみで定まる量である．(6.1.2)はL_0を用いると次式になる．

$$W_m = \frac{1}{L_0} G_t G_r W_t \tag{6.1.4}$$

(6.1.2), (6.1.4)は送受信アンテナ間電力伝送の基本式であり，フリスの伝達公式と呼ばれる．

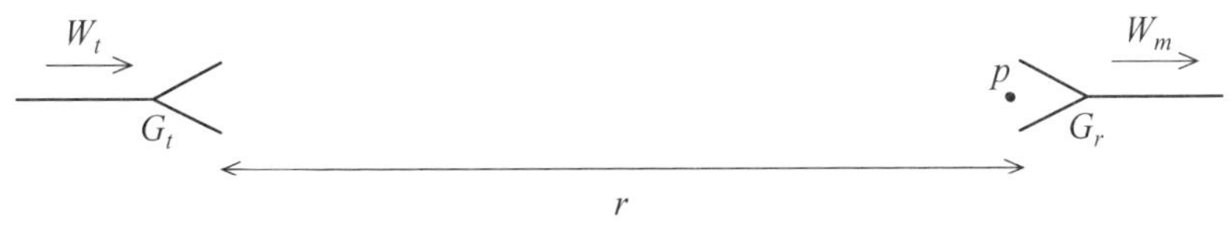

図 6.1.4　電磁波の送受信

6.1.3　電磁波の回折とフレネル領域

地上で通信を行う場合，送受信アンテナは自由空間に存在するのではないので，伝送状態は伝搬経路近傍にあるビルや山など多くの障害物の影響を受ける．ここでは障害物の影響について基本的な扱いを学ぶ．図 6.1.5 に示すように送受信アンテナ間に障害物があり，受信アンテナ 1，および 2 で受信する場合を考えよう．この状態を図 5.2.1 で用いたホイヘンスの原理を用いて考えれば，障害物位置上側に仮定した面の点波源からの２次放射波が受信側領域（図で障害物の右側領域）の電磁波になる．

受信アンテナでは全ての点波源から生じた２次放射波の合成を受信する．受信アンテナ１は送信アンテナから見通し領域にあるが，障害物があることにより点波源の面積が限定されるので障害物の影響がある．一方，受信アンテナ２は送信アンテナから見て障害物の裏側になるが，点波源からの２次放射波が到達するので受信電力は０ではない．すなわち，障害物裏側にも回折により電磁波が回り込む．

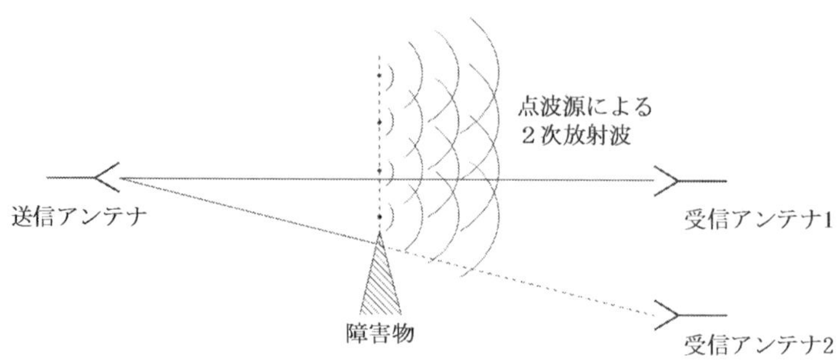

図 6.1.5　送受信アンテナ間に障害物がある場合の送受信

図 6.1.6 のモデルを用いて障害物の影響を検討してみよう．障害物に入射した電磁波は吸収されるとする．送信アンテナからの放射波により障害物の真上面に波源が形成されるとし，この波源からの2次放射電界 E を受信アンテナ位置で求める．E と障害物がないときの受信電界（自由空間における受信電界）E_0 との比を回折係数という．受信アンテナ位置 h を変化させて回折係数 E/E_0 を求めた結果を同図に示す．

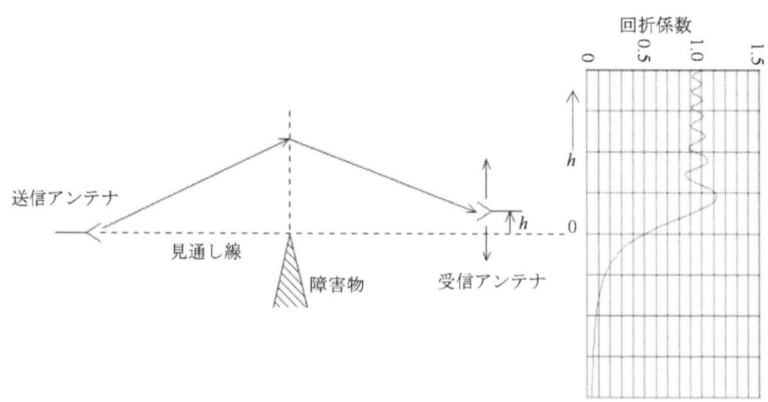

図 6.1.6　障害物と受信電界

受信アンテナ位置が $h=0$ では見通し線上であり，このとき回折係数は 0.5 であるから受信電界は自由空間の半分になる．アンテナ位置が高くなって見通し線上から離れると受信電界は次第に大きくなり，回折係数 1 を中心に振動する．振動する現象は，波源の分布が障害物の上側の有限領域に制限されているために生じる．送受信アンテナが見通し領域にあっても自由空間とは異なり，h により受信電界が変動することに注意する．受信アンテナが十分に高くなると障害物の影響が小さくなり，自由空間の伝搬にほぼ等しくなるので回折係数は 1 に収束する．

$h<0$ では見通し線以下になり，受信アンテナは障害物の裏側になる．受信電界は障害物の裏でも回折波があるために急に 0 にはならない．この領域では受信電界は単調に減衰する

障害物の影響を大きくしないためには，障害物を見通し線からどの程度離せばよいだろうか？図 6.1.7 に示すように，送信位置から障害物までの距離，障害物から受信点までの距離をそれぞれ l_{0t}，l_{0r} とする．障害物位置に面 S を想定し，この面上の一点を介して送受信位置間距離が $l_{0t}+l_{0r}+\lambda/2$, $l_{0t}+l_{0r}+2\lambda/2$, $l_{0t}+l_{0r}+3\lambda/2$, ・・・となる線を引く．これらの線は面 S を受信位置から見れば，同図右側にあるように見通し線を中心とする円になる．最も中心にある円内の領域は見通し線からの距離差が $\lambda/2$ 以内であり，この領域を第 1 フレネルゾーンという．外側の円になるにしたがって見通し線からの距離差が順次 $2\lambda/2$，$3\lambda/2$，・・・と大きくなり，これらを第 2 フレネルゾーン，第 3 フレネルゾーン，・・・という．

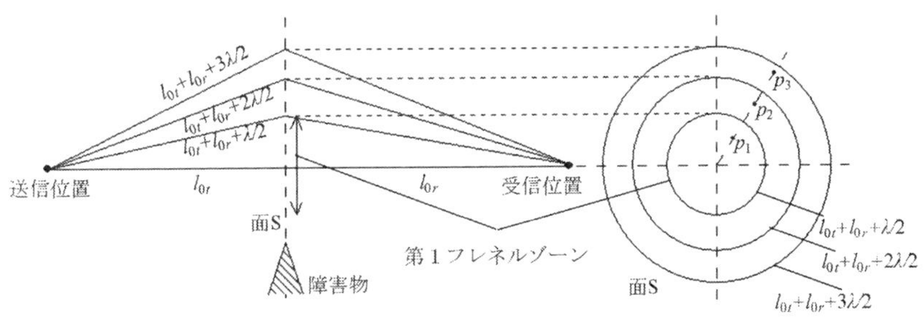

図 6.1.7　フレネルゾーン

第 1 フレネルゾーン内の任意点 p_1 を通って受信点に到達する全距離を L_1 とすると，全距離が $L_1+\lambda/2$ となる点 p_2 が第 2 フレネルゾーン内に必ず存在する．距離差が $\lambda/2$ ということは位相が反転して逆相になることであるから，第2フレネルゾーンを通って受信点に到達する成分は第1フレネルゾーンを通る成分を打ち消す作用がある．同様に，第3フレネルゾーンを通って受信点に到達する成分は第2フレネルゾーンを通る成分を打消す（したがって，第1フレネルゾーンを通る成分とは同相になり，強めあう）．

受信点に到達する電磁波は各フレネルゾーンを通る成分の合計であり，強めあったり弱めあったりするのであるが，そのうち，第1フレネルゾーンを通る成分は送信アンテナから受信アンテナに到達する主成分である．したがって，障害物は少なくとも第1フレネルゾーンにはかからないように送受信アンテナ位置を設定しなくてはならない．

6.2　境界面での反射と透過

電磁波が波動インピーダンスの異なる媒質に入射すると入射波の一部は反射し，残りは媒質内に透過する．媒質定数と反射・透過の関係を知ることは電波伝搬の基本である．各種のデバイス設計に境界面での反射・透過の理論が応用されるし、また、実際の電波伝搬を考える際に複雑な形状をしている媒質境界面を平坦な面に近似して理論解析を行えば反射・透過のおおよその傾向をつかむことができる．境界面での反射と透過の理論は電磁波工学の応用において重要である．

6.2.1　媒質の異なる境界面への垂直入射

図 6.2.1 は平面波が空気中から比誘電率 ε_r，比透磁率 μ_r の半無限媒質の境界面へ垂直入射する状態を示している．境界面での入射波，反射波，透過波の電界，磁界をそれぞれ E_i，H_i，E_r，H_r，および E_t，H_t，空気中の波動インピーダンス，媒質中の波動インピーダンスをそれぞれ η_0，$\eta_r(=\eta_0\sqrt{\mu_r/\varepsilon_r})$ とする．境界面における反射係数 Γ，透過係数 T の定義は，

$$\Gamma = \frac{E_r}{E_i}, \quad T = \frac{E_t}{E_i} \tag{6.2.1}$$

である．境界面に電流は流れていないとすると，境界面では電界，磁界の接線成分は連続であるので次の境界条件が成り立つ．

$$E_i + E_r = E_t, \quad H_i - H_r = H_t \tag{6.2.2}$$

各領域の波動インピーダンスを用いて(6.2.2)の 2 つの境界条件を連立させることにより次式が得られる．

$$\Gamma = \frac{\sqrt{\mu_r} - \sqrt{\varepsilon_r}}{\sqrt{\mu_r} + \sqrt{\varepsilon_r}}, \quad T = \frac{2\sqrt{\mu_r}}{\sqrt{\mu_r} + \sqrt{\varepsilon_r}} \tag{6.2.3}$$

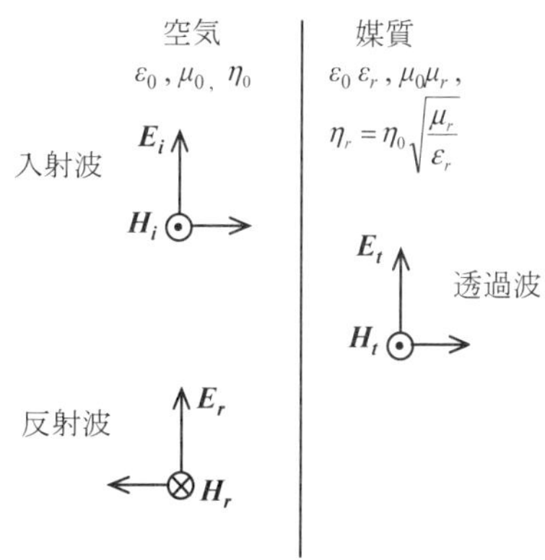

図 6.2.1　半無限媒質への垂直入射

また，Γ と T は(6.2.1)，(6.2.2)から明らかなように次式の関係がある．

$$\Gamma + 1 = T \tag{6.2.4}$$

次に境界面から媒質側を見たときの入力インピーダンス Z_{in} は, 1.3 に述べられている電圧, 電流を境界面での電界, 磁界に対応させ, 次のように得られる．

$$\boldsymbol{Z_{in}} = \frac{\text{境界面の}E}{\text{境界面の}H} = \frac{\boldsymbol{E_i + E_r}}{\boldsymbol{H_i - H_r}} = \frac{\boldsymbol{E_t}}{\boldsymbol{H_t}} = \boldsymbol{\eta_r} = \eta_0\sqrt{\frac{\mu_r}{\varepsilon_r}} \tag{6.2.5}$$

すなわち, 入力インピーダンスは媒質の波動インピーダンスに等しい. (6.2.3), (6.2.4)，(6.2.5)を用いると次式が得られる．

$$\Gamma = \frac{Z_{in}-\eta_0}{Z_{in}+\eta_0}, \quad T = \frac{2Z_{in}}{Z_{in}+\eta_0} \tag{6.2.6}$$

媒質の比誘電率が非常に大きく, $|\varepsilon_r|>>|\mu_r|$の関係にあるときは, (6.2.3)より, $\Gamma\approx-1$, $T\approx0$ となり，入射波は逆相で全反射し，透過波は 0 となる．また，入力インピーダンスは(6.2.5)より $Z_{in}\approx0\Omega$ である. 逆に透磁率が大きくて$|\varepsilon_r|<<|\mu_r|$であれば$\Gamma\approx1$, $T\approx2$ になる.

ある特別な場合として $\varepsilon_r=\mu_r$ であれば(6.2.3)より $\Gamma=0$, $T=1$ となり，入射波は反射なく媒質に透過し，1.3.3 で述べた整合状態になる．自然界の媒質でこの条件が満たされることは ε_r, μ_r とも 1（すなわち真空）以外は殆どない.

次に, 図 6.2.2 に示すように厚み d の有限厚み媒質へ平面波が入射するときの反射，透過の取り扱い法を述べる．有限厚み媒質では入射側と透過側に境界面が 2 つあるので無限媒質と同じ方法で行うと複雑になる．この場合は空気－媒質－空気と伝搬する状態を伝送線路と考え, 4.1.3 で述べた F 行列を用いて $V_1\to E_1$, $I_1\to H_1$, $V_2\to E_2$, $I_2\to H_2$ と対応させれば次式が得られる.

$$\begin{bmatrix} E_1 \\ H_1 \end{bmatrix} = \begin{bmatrix} A & B \\ C & D \end{bmatrix} \begin{bmatrix} E_2 \\ H_2 \end{bmatrix} = \begin{bmatrix} \cosh\gamma_r d & \eta_r \sinh\gamma_r d \\ \frac{1}{\eta_r}\sinh\gamma_r d & \cosh\gamma_r d \end{bmatrix} \begin{bmatrix} E_2 \\ H_2 \end{bmatrix} \tag{6.2.7}$$

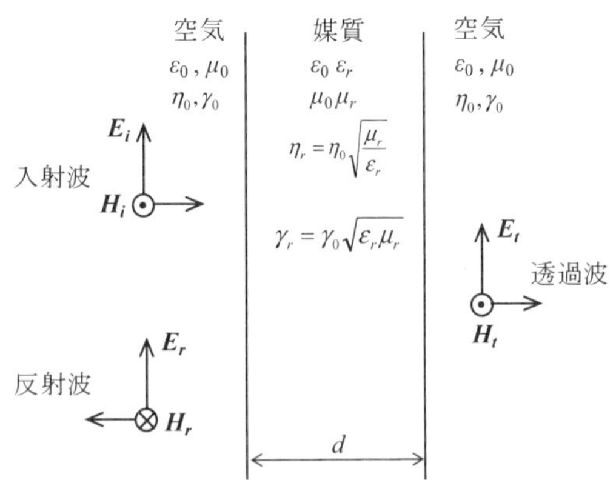

図 6. 2. 2　有限厚み媒質への垂直入射

ただし$\gamma_r = \gamma_0\sqrt{\varepsilon_r\mu_r}$であり，$E_1$，$H_1$，$E_2$，$H_2$と入射波，反射波，透過波との関係は，

$$\left.\begin{array}{l} E_1 = E_i + E_r, \quad E_2 = E_t \\ H_1 = H_i - H_r, \quad H_2 = H_t \end{array}\right\} \tag{6.2.8}$$

である. (6.2.7), (6.2.8)より入射側面から負荷側を見た入力インピーダンスは,

$$Z_{in} = \frac{E_1}{H_1} = \frac{AE_2 + BH_2}{CE_2 + DH_2} = \frac{A + B/\eta_0}{C + D/\eta_0} \tag{6.2.9}$$

となる．Z_{in}とΓ，Tは(6.2.6)より次式になる．

$$\Gamma = \frac{Z_{in} - \eta_0}{Z_{in} + \eta_0} = \frac{A + B/\eta_0 - C\eta_0 - D}{A + B/\eta_0 + C\eta_0 + D} \tag{6.2.10}$$

$$T = \frac{E_2}{E_i} = \frac{E_1}{E_i}\cdot\frac{E_2}{E_1} = (1+\Gamma)\cdot\frac{\eta_0}{A\eta_0 + B} = \frac{2}{A + B/\eta_0 + C\eta_0 + D} \tag{6.2.11}$$

以上の取り扱いを応用した実用的に有用な例を取り上げておこう．媒質は導電率 σ の大きい導電材であり，かつ波長より十分薄くて$1 >> 2\pi d/\lambda_0$（λ_0は自由空間波長）が成り立つとしよう．導電材の μ_rは 1 とする．このとき，$\cosh\gamma_r d \approx 1$，$\sinh\gamma_r d \approx \gamma_r d$と近似できるので(6.2.7)は,

$$\begin{bmatrix} E_1 \\ H_1 \end{bmatrix} \approx \begin{bmatrix} 1 & 0 \\ j\dfrac{2\pi\varepsilon_r d}{\eta_0\lambda_0} & 1 \end{bmatrix} \begin{bmatrix} E_2 \\ H_2 \end{bmatrix} \tag{6.2.12}$$

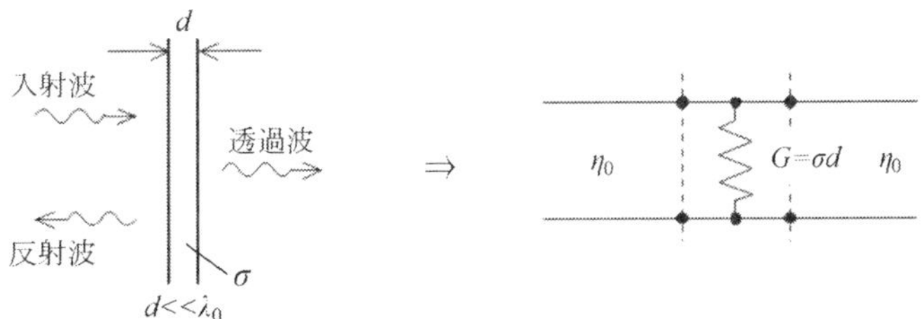

図 6.2.3　薄い導電材に平面波が入射するときの等価回路

となる．ここで$j2\pi\varepsilon_r d/(\eta_0\lambda_0) = Y$とすると，上式の F 行列は回路論より線路にアドミッタンス Y が並列に挿入された回路を表す．ここで ε_rは σ を用いて(2.4.1)で与えられるとすると$Y = G = \sigma d$になり，薄い導電材に平面波が入射す

るときは結局，図6.2.3に示す等価回路で表されることが導かれる．σが十分大きくて$\sigma d >> 1/\eta_0$であるときは，(6.2.9)－(6.2.11)より$\Gamma \approx -1$，$T \approx 0$となり，導電材板で全反射され，透過側空間へは透過しない．これは等価回路より直感的に理解できる．

6.2.2　媒質の異なる境界面への斜め入射

境界面へ垂直入射する場合は，媒質の誘電率や導電率が方向性を持たない限り，偏波により反射や透過特性が異なることは無いが，斜め入射においては，偏波により異なる．斜め入射ではTE波，TM波なる2つの独立した偏波を用い，任意の偏波で入射する平面波はこれらの合成で表わす．

1)　スネルの法則

空気から比誘電率，比透磁率がε_r，μ_rの媒質に斜めに平面波が入射する様子を図6.2.4に示す．入射角，反射角，透過角をそれぞれθ_i，θ_r，θ_tとする．境界面はxy面とし，入射波，反射波，透過波の進行方向はxz面内にあるとする．入射波と反射波が存在する面を入射面と定義する．図ではxz面，つまり紙面が入射面になる．入射面は境界面ではないことに注意する．

電磁波の速度は空気中と媒質中では異なり(2.1.16)で与えられる．そのため，電磁波が異なった媒質に入射すると図に示すように屈折が生じ，$\theta_i \neq \theta_t$である．よく知られているように境界面での反射と透過は，反射の法則，およびスネルの法則により，

$$\theta_i = \theta_r \tag{6.2.13}$$

$$\frac{\sin\theta_t}{\sin\theta_i} = \frac{1}{n}, \quad n = \sqrt{\varepsilon_r \mu_r} \tag{6.2.14}$$

となる．(6.2.13)より，以下では$\theta_r \to \theta_i$とする．nは屈折率と呼ばれ，空気中と媒質中の速度比である．(6.2.14)よりθ_t，θ_i，nは以下の関係がある．

$$\cos\theta_t = \sqrt{1-\sin^2\theta_t} = \frac{1}{n}\sqrt{n^2 - \sin^2\theta_i} \tag{6.2.15}$$

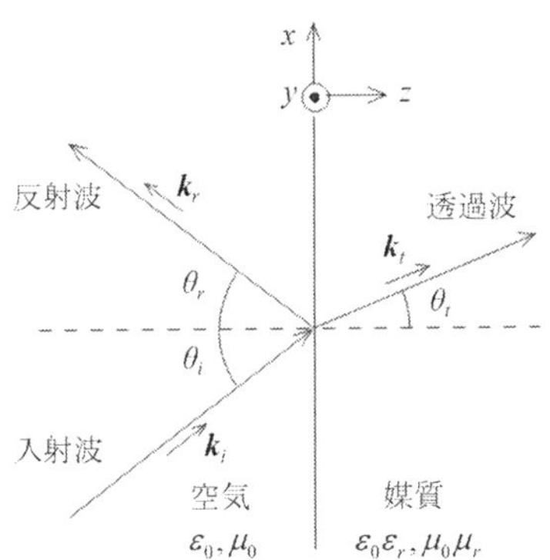

図 6.2.4　境界面への斜め入射

入射波，反射波，透過波の各方向の波数ベクトルを $\boldsymbol{k}_i$，$\boldsymbol{k}_r$，$\boldsymbol{k}_t$ とするとこれらは(2.1.24)より，

$$\left.\begin{aligned} \boldsymbol{k}_i &= \beta_0(\sin\theta_i \boldsymbol{e}_x + \cos\theta_i \boldsymbol{e}_z) \\ \boldsymbol{k}_r &= \beta_0(\sin\theta_i \boldsymbol{e}_x - \cos\theta_i \boldsymbol{e}_z) \\ \boldsymbol{k}_t &= \beta_0\sqrt{\varepsilon_r\mu_r}(\sin\theta_t \boldsymbol{e}_x + \cos\theta_t \boldsymbol{e}_z) \end{aligned}\right\} \tag{6.2.16}$$

である．2.1 節で述べたように任意方向に進行する平面波の位相項は波数ベクトルと位置ベクトルとの内積で表されるから入射波，反射波，透過波の指数項は次のように表わされる．

$$\left.\begin{aligned} &\text{入射波：}\quad e^{-j\boldsymbol{k}_i\cdot\boldsymbol{r}} = e^{-j\beta_0(\sin\theta_i x + \cos\theta_i z)} \\ &\text{反射波：}\quad e^{-j\boldsymbol{k}_r\cdot\boldsymbol{r}} = e^{-j\beta_0(\sin\theta_i x - \cos\theta_i z)} \\ &\text{透過波：}\quad e^{-j\boldsymbol{k}_t\cdot\boldsymbol{r}} = e^{-j\beta_0\sqrt{\varepsilon_r\mu_r}(\sin\theta_t x + \cos\theta_t z)} \end{aligned}\right\} \tag{6.2.17}$$

2)　TM 波

図 6.2.5 に示すように電界が入射面に平行である偏波の入射を TM 波（Transverse Magnetic Field Incidence）[2]，または平行偏波という．反射係数，透過係数は垂直入射と同様に，境界面において電界，磁界の接線成分が連続

[2] 斜め入射で定義される TM 波,TE 波は,3.2 で述べる導波管モードの TM 波,TE 波とは別であるから混同しないように注意する．

である条件を用いて連立方程式をたて，その解として導くことができる．

入射波，反射波，透過波の電界，磁界の境界面に対する接線成分は境界条件を課す成分であるから，これらのみを取り出して反射や透過の現象を考える．このとき，境界面すなわち xy 面に接線となる電界と磁界は $+z$ 方向または $-z$ 方向へ伝搬する平面波を構成する．具体的には，入射波 E_i の x 成分 E_{xi} と磁界 H_i が接線成分であるので，これらより構成される平面波を境界面への入射波とする．

境界条件は x の値によらず成立するので(6.2.17)の指数項については x はいかなる値でもよい．簡単のために x=0 とすると入射波については，

$$e^{-j\boldsymbol{k}_i \cdot \boldsymbol{r}} = e^{-j\beta_0 \cos\theta_i z} \tag{6.2.18}$$

となる．これは，位相定数が $\beta_0\cos\theta_i$ で $+z$ 方向に進行する波を表す．すなわち入射波進行方向は(6.2.17)で表されるように x, z の両方向があるが，このうち境界面へ垂直に入射する成分である z 方向進行成分のみに注目して扱うことになる．

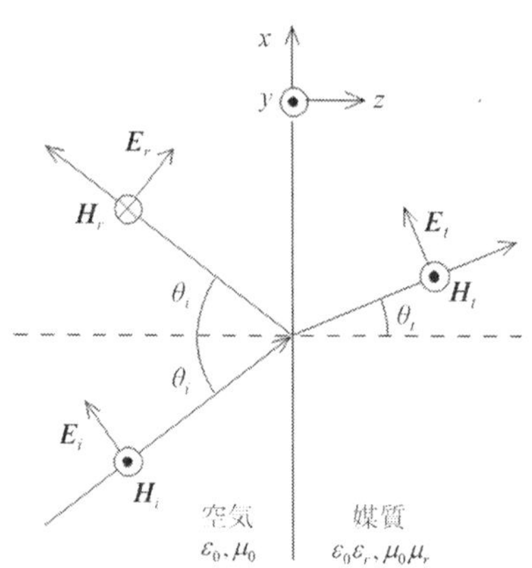

図 6.2.5　TM 波の斜め入射

以上のことを反射波，透過波についても同様に適用する．反射波，透過波の x 成分を各々 E_{xr}，E_{xt} とすると，

$$E_{xi} = E_i \cos\theta_i,\quad E_{xr} = E_r \cos\theta_i,\quad E_{xt} = E_t \cos\theta_t \tag{6.2.19}$$

となる．これらの電界と H_i，H_r，H_t とで境界面への入射波，反射波，透過波

が構成される．波動インピーダンスは電界を(6.2.19)で置き換えて求められる．空気，媒質の波動インピーダンスを η_{0M}，η_{rM} とすると，

$$\left.\begin{aligned}&\text{空気中：}\eta_{0M}=\frac{E_{xi}}{H_i}=\frac{E_{xr}}{H_r}=\eta_0\cos\theta_i\\&\text{媒質中：}\eta_{rM}=\frac{E_{xt}}{H_t}=\eta_r\cos\theta_t\end{aligned}\right\}\qquad(6.2.20)$$

となる．空気，媒質の位相定数をそれぞれ $\beta_{0\theta}$，$\beta_{r\theta}$ とすると (6.2.17)より，

$$\left.\begin{aligned}&\text{空気中：}\beta_{0\theta}=\beta_0\cos\theta_i\\&\text{媒質中：}\beta_{r\theta}=\beta_r\cos\theta_t=\beta_0\sqrt{\varepsilon_r\mu_r}\cos\theta_t\end{aligned}\right\}\qquad(6.2.21)$$

となる．

以上の波動インピーダンスや位相定数の変換を行えば，あたかも空気から媒質への垂直入射と同様な扱いになるので 6.2.1 での議論が適用できる．反射係数を $\Gamma_{\theta M}$ とすると(6.2.5)，(6.2.6)において $\eta_0\to\eta_{0M}$，$\eta_r\to\eta_{rM}$ と変換すると，

$$\Gamma_{\theta M}=\frac{E_r}{E_i}=\frac{E_{xr}}{E_{xi}}\frac{\cos\theta_i}{\cos\theta_i}=\frac{E_{xr}}{E_{xi}}=\frac{\eta_{rM}-\eta_{0M}}{\eta_{rM}+\eta_{0M}}=\frac{\mu_r\sqrt{n^2-\sin^2\theta_i}-n^2\cos\theta_i}{\mu_r\sqrt{n^2-\sin^2\theta_i}+n^2\cos\theta_i}\qquad(6.2.22)$$

となる．入力インピーダンス Z_{inM} は(6.2.15)，(6.2.20)より次式になる．

$$Z_{inM}=\eta_{rM}=\eta_r\cdot\frac{1}{n}\sqrt{n^2-\sin^2\theta_i}\qquad(6.2.23)$$

透過係数 $T_{\theta M}$ は，

$$T_{\theta M}=\frac{E_t}{E_i}=\frac{E_{xt}}{E_{xi}}\frac{\cos\theta_i}{\cos\theta_t}\qquad(6.2.24)$$

である．右辺の E_{xt}／E_{xi} について $\eta_0\to\eta_{0M}$, $\eta_r\to\eta_{rM}$ の置き換えを行い，$\theta_i\neq\theta_t$ に注意してまとめると次式が得られる．

$$T_{\theta M}=\frac{2\eta_{rM}}{\eta_{rM}+\eta_{0M}}\frac{\cos\theta_i}{\cos\theta_t}=\frac{2n\mu_r\cos\theta_i}{n^2\cos\theta_i+\mu_r\sqrt{n^2-\sin^2\theta_i}}\qquad(6.2.25)$$

次に，図 6.2.6 に示すように空気から厚み d の単層媒質へ TM 波が斜め入射し，再度空気へ透過する状態を扱う．波動インピーダンス，位相定数を(6.2.20)，(6.2.21) により変換し，垂直入射と同様に扱うことにすると，6.2.1 で述べ

たF行列を用いる有限厚み媒質の取り扱い法が適用できる．$z = 0$ の境界面での電界，磁界の接線成分をそれぞれ E_{x1}，H_1 とし，$z = d$ では E_{x2}，H_2 とすると入射波，反射波，透過波との関係は，

$$\left.\begin{aligned} &E_{x1} = E_{xi} + E_{xr}, \quad H_1 = H_i - H_r \\ &E_{x2} = E_{xt} = E_t \cos\theta_i, \quad H_2 = H_t \end{aligned}\right\} \tag{6.2.26}$$

となる．また，媒質中の伝搬定数を γ_θ とする．(6.2.7)に於いて $\gamma_r \to \gamma_\theta (= j\beta_{r\theta})$, $\eta_r \to \eta_{rM}$ の置き換えを行うと次式が得られる．

$$\begin{bmatrix} E_{x1} \\ H_1 \end{bmatrix} = \begin{bmatrix} A_M & B_M \\ C_M & D_m \end{bmatrix} \begin{bmatrix} E_{x2} \\ H_2 \end{bmatrix} = \begin{bmatrix} \cosh\gamma_\theta d & \eta_{rM} \sinh\gamma_\theta d \\ \dfrac{1}{\eta_{rM}} \sinh\gamma_\theta d & \cosh\gamma_\theta d \end{bmatrix} \begin{bmatrix} E_{x2} \\ H_2 \end{bmatrix} \tag{6.2.27}$$

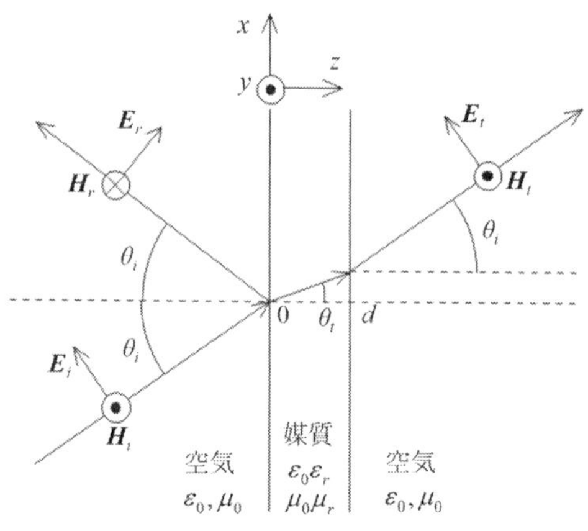

図 6.2.6　有限厚み媒質への TM 波の斜め入射

入力インピーダンス Z_{inM}，反射係数 $\Gamma_{\theta M}$，透過係数 $T_{\theta M}$ は (6.2.9)−(6.2.11)を参考にし，(6.2.27)の A_M～D_M を用いて次式のように表される．

$$Z_{inM} = \frac{E_{x1}}{H_1} = \frac{A_M E_{x1} + B_M H_1}{C_M E_{x1} + D_M H_1} = \frac{A_M + B_M / \eta_{0M}}{C_M + D_M / \eta_{0M}} \tag{6.3.28}$$

$$\Gamma_{\theta M} = \frac{E_r}{E_i} = \frac{E_{xr}}{E_{xi}} \cdot \frac{\cos\theta_i}{\cos\theta_i} = \frac{A_M + B_M / \eta_{0M} - C_M \eta_{0M} - D_M}{A_M + B_M / \eta_{0M} + C_M \eta_{0M} + D_M} \tag{6.2.29}$$

$$T_{\theta M} = \frac{E_t}{E_i} = \frac{E_{xt}}{E_{xi}} \cdot \frac{\cos\theta_i}{\cos\theta_i} = \frac{2}{A_M + B_M / \eta_{0M} + C_M \eta_{0M} + D_M} \tag{6.2.30}$$

3)　TE 波

図 6.2.7 に示すように電界が入射面に垂直である偏波の入射を TE 波（Transverse Electric Field Incidence），または垂直偏波という．TE 波に於いても TM 入射と同様の手法により反射係数や透過係数を求める．TE 波では境界面への接線成分は E_i，E_r，E_t と次式で与えられる磁界の x 成分である．

$$H_{xi} = H_i \cos\theta_i, \quad H_{xr} = H_r \cos\theta_i, \quad H_{xt} = H_t \cos\theta_t \tag{6.2.31}$$

これらで構成される平面波が z 方向に伝搬すると考えるとき，空気，媒質の波動インピーダンス η_{0E}，η_{rE} は，

$$\left.\begin{aligned} &\text{空気中} \qquad \eta_{0E} = \frac{E_i}{H_{xi}} = \frac{E_r}{H_{xr}} = \frac{\eta_0}{\cos\theta_i} \\ &\text{媒質中} \qquad \eta_{rE} = \frac{E_t}{H_{xt}} = \frac{\eta_r}{\cos\theta_t} \end{aligned}\right\} \tag{6.2.32}$$

である．位相定数は偏波によらないので，(6.2.21)で与えられる．

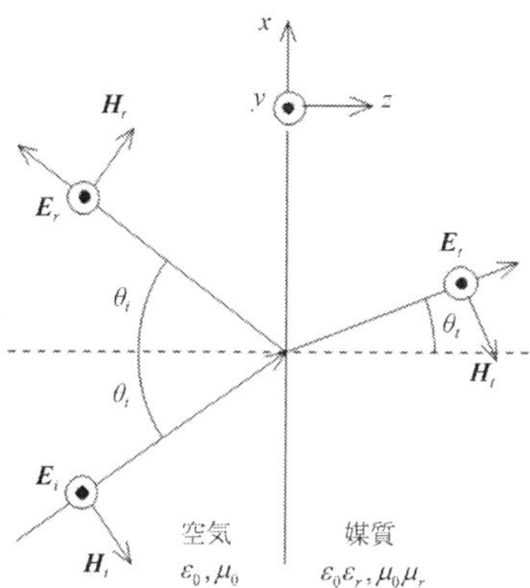

図 6. 2. 7　TE 波の斜め入射

反射係数 $\Gamma_{\theta E}$ は(6.2.5)，(6.2.6)に於いて $\eta_0 \to \eta_{0E}$，$\eta_r \to \eta_{rE}$ と置き換えると，

$$\Gamma_{\theta E}=\frac{E_r}{E_i}=\frac{\eta_{rE}-\eta_{0E}}{\eta_{rE}+\eta_{0E}}=\frac{\mu_r\cos\theta_i-\sqrt{n^2-\sin^2\theta_i}}{\mu_r\cos\theta_i+\sqrt{n^2-\sin^2\theta_i}} \tag{6.2.33}$$

となる．入力インピーダンス Z_{inE} は(6.2.5)より，

$$Z_{inE}=\eta_{rE}=\frac{\eta_r n}{\sqrt{n^2-\sin^2\theta_i}} \tag{6.2.34}$$

である．透過係数 $T_{\theta E}$ はTM波の場合と同様の手順で求めると次式になる．

$$T_{\theta E}=\frac{E_t}{E_i}=\frac{2\eta_{rE}}{\eta_{rE}+\eta_{0E}}=\frac{2\mu_r\cos\theta_i}{\mu_r\cos\theta_i+\sqrt{n^2-\sin^2\theta_i}} \tag{6.2.35}$$

次に，図6.2.8のように厚み d の単層媒質へTE波が斜め入射するときの扱いを述べる．$Z=0$ の境界面での電界，磁界の接線成分をそれぞれ E_1，H_{x1} とし，$z=d$ では E_2，H_{x2} とするとこれらは次のように表される．

$$\left.\begin{aligned} &E_1=E_i+E_r,\quad H_{x1}=H_{xi}-H_{xr}\\ &E_2=E_t,\quad H_{x2}=H_{xt}=H_t\cos\theta_i \end{aligned}\right\} \tag{6.2.36}$$

これ等を用い，(6.2.7)において $\gamma_r\to\gamma_\theta(=j\beta_{r\theta}),\eta_r\to\eta_{rE}$ の置き換えを行うと，

$$\begin{bmatrix}E_1\\H_{x1}\end{bmatrix}=\begin{bmatrix}A_E & B_E\\C_E & D_E\end{bmatrix}\begin{bmatrix}E_2\\H_{x2}\end{bmatrix}=\begin{bmatrix}\cosh\gamma_\theta d & \eta_{rE}\sinh\gamma_\theta d\\ \dfrac{1}{\eta_{rE}}\sinh\gamma_\theta d & \cosh\gamma_\theta d\end{bmatrix}\begin{bmatrix}E_2\\H_{x2}\end{bmatrix} \tag{6.2.37}$$

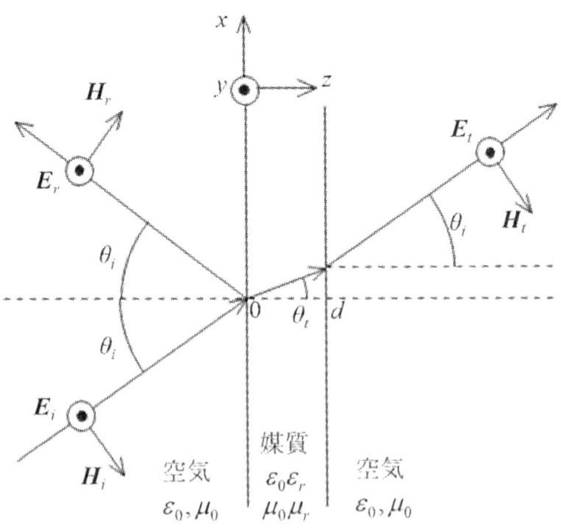

図6.2.8　有限厚み媒質へのTE波の斜め入射

が得られる．入力インピーダンス Z_{inE}，反射係数 $\Gamma_{\theta E}$，透過係数 $T_{\theta E}$ は(6.2.9)−(6.2.11)を参考にし，(6.2.37)の A_E～D_E を用いると次式になる．

$$Z_{inE}=\frac{E_2}{H_{x2}}=\frac{A_E E_1+B_E H_{x1}}{C_E E_1+D_E H_{x1}}=\frac{A_E+B_E/\eta_{0E}}{C_E+D_E/\eta_{0E}} \tag{6.2.38}$$

$$\Gamma_{\theta E}=\frac{E_r}{E_i}=\frac{A_E+B_E/\eta_{0E}-C_E\eta_{0E}-D_E}{A_E+B_E/\eta_{0E}+C_E\eta_{0E}+D_E} \tag{6.2.39}$$

$$T_{\theta E}=\frac{E_t}{E_i}=\frac{2}{A_E+B_E/\eta_{0E}+C_E\eta_{0E}+D_E} \tag{6.2.40}$$

以上，有限厚み媒質として単層の場合を説明した．もしこれが多層媒質であれば各媒質の波動インピーダンス，位相定数を各々(6.2.20)，(6.2.32)，(6.2.21)に倣って置き換え，各層に対応したF行列を縦列接続し，各層をまとめた総合の行列を用いれば(6.2.27)，あるいは(6.2.37)に対応する式が得られるので，多層媒質全体の反射係数や透過係数を導出できる．

6.2.3　ブリュースター角

斜め入射において入射角を 0°から順次大きくしていくとある入射角で反射が 0 になる．この現象は反射・透過を扱う上で重要である．

図(6.2.5)，(6.2.7)のように半無限媒質に斜め入射する TE 波，TM 波について入射角 θ_i による入力インピーダンス，反射係数の変化を考えよう．入力インピーダンスは入射側空間の波動インピーダンスで規格化した値を用いる．

$$\frac{Z_{in}}{\eta_0}=\frac{\eta_r}{\eta_0}:\text{垂直入射，}\quad \frac{Z_{inM}}{\eta_{0M}}=\frac{\eta_r}{\eta_0}\frac{\cos\theta_t}{\cos\theta_i}:\text{TM 波，}\quad \frac{Z_{inE}}{\eta_{0E}}=\frac{\eta_r}{\eta_0}\frac{\cos\theta_i}{\cos\theta_t}:\text{TE 波} \tag{6.2.41}$$

半無限媒質は無損失誘電体であり．$\varepsilon_r>2, \mu_r=1$ とする．垂直入射では(6.2.5)より $\eta_r/\eta_0<1$ である．(6.2.14)より $\theta_i>\theta_t$ であるので，$\cos\theta_i<\cos\theta_t$ である．そのため $\cos\theta_i$ を 0°から大きくするにつれて，TM 波の入射では Z_{inM}/η_{0M} は η_r/η_0 の値から次第に大きくなり $\theta_i=90°$ では無限大になる．このとき，Z_{inM}/η_{0M} が大きくなる途中では必ず $Z_{inM}/\eta_{0M}=1$ になる入射角 θ_B がある.この入射角 θ_B においては半無限媒質への入力インピーダンスが入射側空間の波動インピーダンスと等しく，整合状態（無反射状態）になる．この入射角 θ_B をブリュース

ター角(Brewster's angle)という．入射角 θ_B においては反射波はなく，入射波は全て媒質内に透過する．

一方，TE 波の入射では，θ_i を大きくするにつれて Z_{inE}/η_{0E} は垂直入射の値 η_r/η_0 から次第に小さくなり，$\theta_i = 90°$ で 0 になる．反射係数 $|\Gamma_{\theta E}|$ は θ_i に伴って単調に増加し $\theta_i = 90°$ で -1 になる．

図 6.2.9 は $\varepsilon_r=9$，$\mu_r=1$ とした場合の $|\Gamma_{\theta M}|$，$|\Gamma_{\theta E}|$ を求めた結果である．垂直入射では $\eta_r/\eta_0=1/3$，$\Gamma=-0.5$ である.この設定では，TM の偏波においてブリュースター角があり，θ_B はおよそ 71° である．

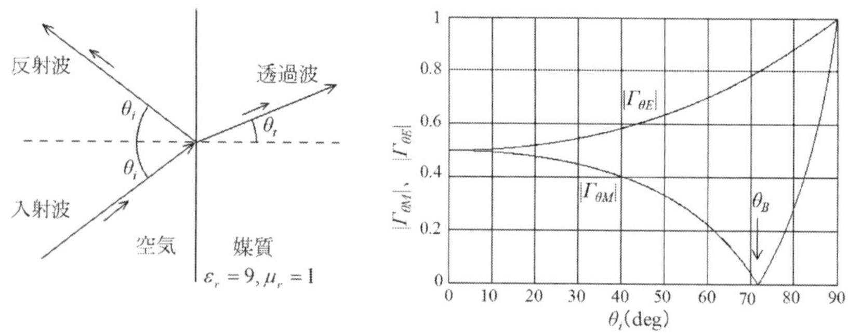

図 6.2.9　斜め入射の反射特性とブリュースター角

もし，半無限媒質の比誘電率，透磁率が $\varepsilon_r < \mu_r$ であれば $\eta_r/\eta_0 > 1$ となるので，同じ議論を繰り返せばブリュースター角は $Z_{inE}/\eta_{0E}=1$ になる角度であり，TE 波の偏波においてブリュースター角がある．このようにブリュースター角がどちらの偏波にあるかは垂直入射における η_r/η_0 で定まり，η_r/η_0 が 1 より小さければ TM 波で，1 より大きい場合は TE 波でブリュースター角がある．屋外での電波伝搬を考える際，大地は磁性体でないので $\mu_r=1$ であり，$\varepsilon_r > \mu_r$ である．したがって，空気から大地に斜め入射するときは，TM 波においてブリュースター角が存在する．

媒質が損失媒質であれば一般に入力インピーダンスは複素数であるから，反射係数は 0 にはならない．しかし，反射が最小になる角度があり，これを準ブリュースター角ということがある．また，有限厚みの損失媒質への斜め入射においてもある一方の偏波において，反射が最小になる入射角度がある．これも斜め入射になることで空間の波動インピーダンスが入力インピーダンスにほぼ等しくなるために発生するので，無限媒質への入射と同様の現象である．この角度も準ブリュースター角ということがある．

6.3　レーダ

6.3.1　電磁波の散乱

電磁波が無限に広い平板に入射するときは反射や屈折の理論にしたがって反射波，屈折波が生じるが，図 6.3.1 のように任意形状の物体に電磁波が入射する場合は電磁波は四方八方に飛び散ることは容易に想像できるであろう．この現象を散乱と言い，散乱物体から放射される成分を散乱波と言う．散乱は身近な現象であるが，散乱波を解析的に求めることは一般には難しい．多少複雑な形状になると散乱波は実験的に求めることになる．飛行機などの大型物体を対象にする場合は測定も難しく，縮小モデル測定が行われる．

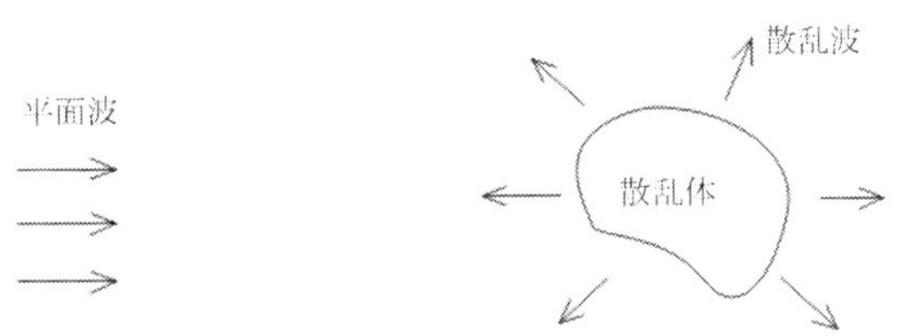

図 6.3.1　電磁波の散乱

物体に入射した電磁波は散乱波となってあらゆる方向に飛び散るのであるが，特に入射波と同方向へ（入射波から見ると物体の裏側へ）散乱される成分を前方散乱波，入射方向へ戻る成分を後方散乱波と言う．後方散乱波は単に反射波ともいう．レーダは物体による反射波を受信する．

任意形状で生じる散乱波は相当に複雑であるが単純な形状の場合は散乱波に規則性が現れる．図 6.3.2 に金属角柱で生じる後方散乱波の測定例を示す．

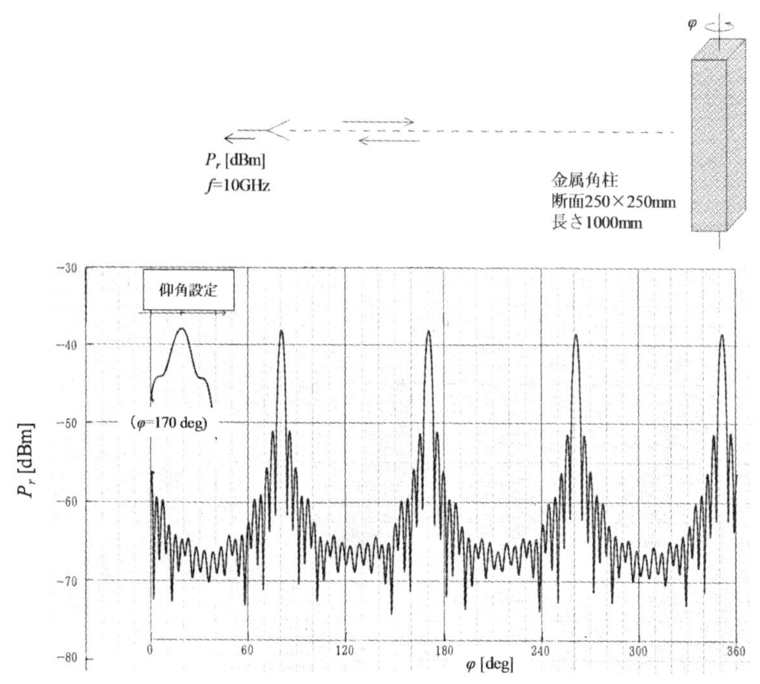

図 6.3.2　金属角柱による後方散乱波（反射波）測定例　（偏波は角柱軸方向，散乱波の4つのピークはそれぞれ入射波が角柱側面に垂直に入射する入射角で生じる.）

6.3.2　レーダの原理

レーダは電磁波を物体に向けて放射し，反射波を測定して物体の位置（方位と距離）を測定する装置である．反射波を測定するので送信と受信は同じアンテナであることが多い．また，位置精度を上げるために指向性の鋭いアンテナが用いられる．レーダには軍用レーダの他に船舶航行レーダ，雨雲，台風などを観測する気象レーダや降雨観測レーダ，前方を走る車との距離を観測する車載レーダ，航空管制レーダ，地下探査レーダなど多くの種類がある．レーダは現代社会に必須のシステムである．

レーダの基本であるパルスレーダについて図 6.3.3 を用いて説明する．同図

(a)は空港などでよく見かけるパラボラ反射鏡を用いたアンテナであり，反射板は金属格子を用いて軽量化している．これを水平面内で機械的に回転させ，全方位に電磁波を放射する．

同図(b)は回路のブロック図であり，パルス状にAM変調された電磁波はアンテナより放射される．物体から戻る反射波はアンテナで受信され，サーキュレータを介して受信機に入力する．

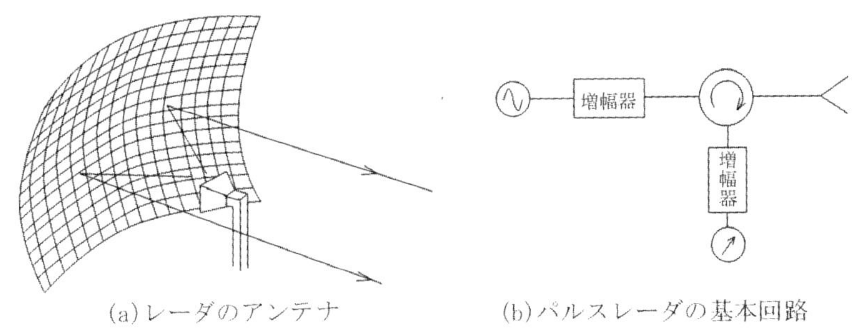

(a) レーダのアンテナ　(b) パルスレーダの基本回路

図 6.3.3 パルスレーダのアンテナと基本回路

パルス波は図 6.3.4(a)に示すように一定時間間隔で物体に向けて放射され，物体からの反射波はアンテナ－物体間距離に応じたある時間遅れを伴ってアンテナに入力される．放射波と反射波との時間差を T とし，物体までの距離を R とすると，

$$T=2R/c_0, \quad c_0 \text{ は電磁波の速度}（3\times10^8\text{m/s}） \tag{6.3.1}$$

である．レーダ画面は極座標形式のオシロスコープであり，角度はアンテナの水平面角度，半径方向は放射波と受信波との時間差にして表示している．したがって，アンテナの回転角が θ，放射波と反射波の時間差が T であれば図に示す位置に受信信号が現れ，レーダから見た物体の位置（θ と R）が画面に示されることになる．

パルスではなく連続波を用いたレーダもある．物体が動いていればその反射波の周波数はドップラー効果により変化するので，この変化分を測定すれば物体の移動速度が分かる．

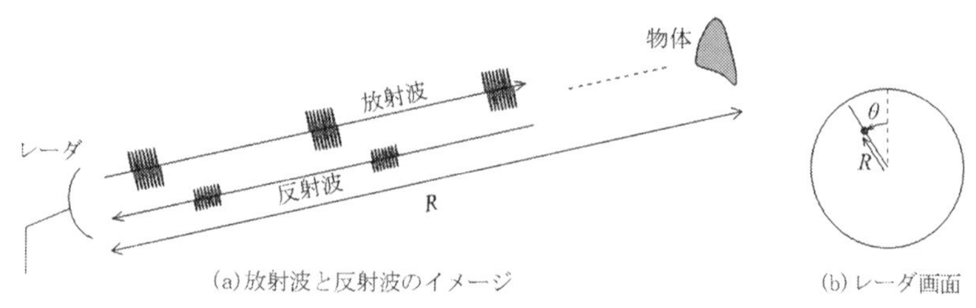

図 6.3.4　パルスレーダの原理図

また，物体が静止しているときは放射波に周波数変化を与えることで物体までの距離を測定できる．図 6.3.5 に示すように放射波の周波数を掃引するとミキサに入力される放射波と反射波では周波数に Δf の差があり，Δf は,

$$\Delta f = f_2 - f_1 = \frac{df}{dt}T = \frac{df}{dt}\frac{2R}{c_0} \tag{6.3.2}$$

である．この方式は FM-CW 方式と呼ばれ，T を直接観測するのでなく T に比例する量としてミキサー出力の Δf を測定し，距離 R を求める．

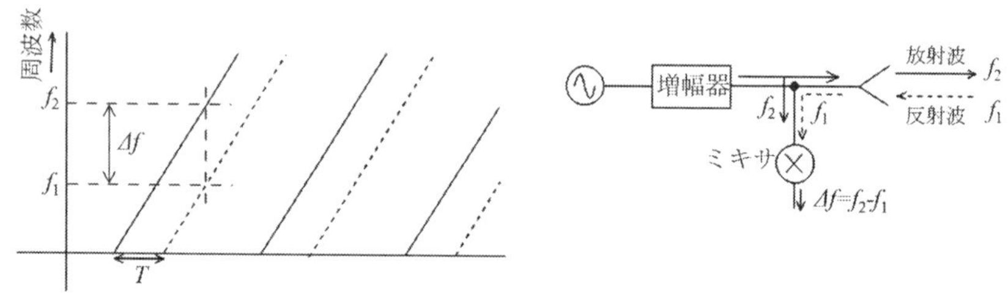

図 6.3.5　FM-CW レーダの原理

6.3.3　散乱断面積とレーダ方程式

レーダから電磁波が放射され物体で散乱される状態を図 6.3.6 に示す．放射波の物体位置における電力密度を P_t とする．物体位置入射側面に面積 σ を想定し，この面積を通過する電力 σP_t が物体により等方的に散乱されると考え

る．受信アンテナ位置での反射波電力密度を P_s とする．アンテナと物体間距離を R とすると，$4\pi R^2 P_s = \sigma P_t$ であるので，

$$\sigma = 4\pi R^2 \frac{P_s}{P_t} \tag{6.3.3}$$

である．σ の定義は R を無限大にとり，

$$\sigma = \lim_{R\to\infty}\left(4\pi R^2 \frac{P_s}{P_t}\right) \tag{6.3.4}$$

である．このように定義した σ をこの物体の散乱断面積と言う．この場合は後方散乱波を対象にしているので，σ を特に後方散乱断面積，あるいはレーダ断面積(Radar Cross Section, RCS と略称される)という．物体が球でない限り P_s は物体の照射面により異なるので，散乱断面積 σ は物体の向きにより異なる．

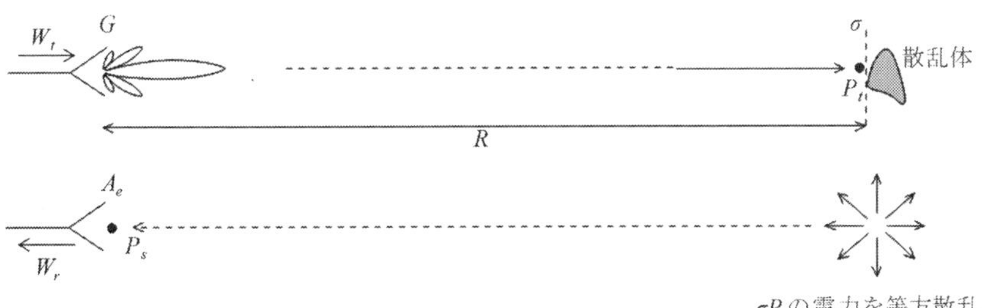

図 6.3.6　散乱断面積 σ の説明図

次に送信電力 W_t と受信電力 W_r との関係を求めよう．アンテナの利得を G，実効面積を A_e とする．P_t は(5.3.10)を参考にして求めると，

$$W_r = P_s A_e = \frac{P_t \sigma}{4\pi R^2} A_e = \frac{W_t G \sigma}{\left(4\pi R^2\right)^2} A_e \tag{6.3.5}$$

であるから A_e として(5.3.24)を用いれば，

$$W_r = \frac{W_t G^2 \sigma \lambda^2}{(4\pi)^3 R^4} \tag{6.3.6}$$

となる．(6.3.6)をレーダ方程式という．

散乱断面積 σ は物体が到来電磁波を散乱する能力を示すもので，σ が大き

いほどレーダで受信しやすくなる．実際の物体ではσは物体を構成する物質や向きによって複雑な変化をする．代表的な物体ではσの平均的な値が求められており，例えば船は 100~1000m^2，ジャンボジェット機はおよそ 100m^2，一般の航空機は 1~30m^2，自動車はおよそ 10m^2，人間はおよそ 0.1m^2 である．

6. 3. 4　レードーム

屋外で使用するアンテナは図 6.3.7(a)に示すように電波を通過する材質の板で覆い，アンテナを保護する．この覆いは特にレーダで使用しているので，レードームという．

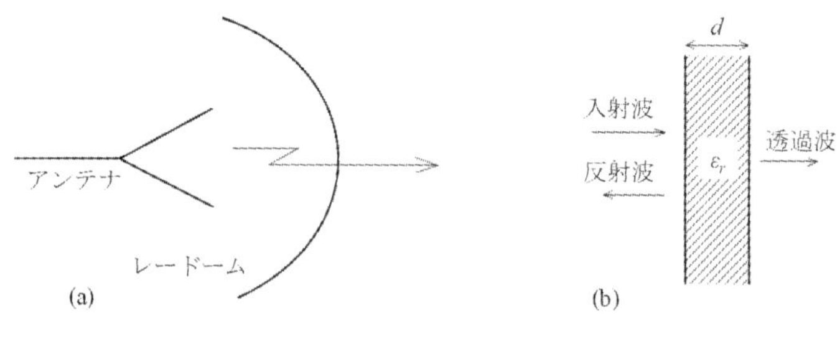

図 6. 3. 7　レードーム

レードームはレーダ周波数で全透過でなければならない．図 6.3.7(b)のようにレードーム材を厚みd，比誘電率ε_rの平板に近似し，これに電磁波が垂直入射する状態にモデル化する．このモデルは 6.2.1 で述べた図 6.2.2 と同じなので反射係数，透過係数は各々(6.2.10)，(6.2.11)で求めることができ，無損失の誘電体を用い，$d=\lambda/2$ の整数倍厚みであれば全透過($|T|=1$)になることが示される．比誘電率が大きい材料を用いるほど厚みが薄くなる．低周波帯で半波長厚みが厚すぎる場合は，$d<<\lambda$ としてレードームによる反射を極力小さくする．

板状構造が全透過を示す条件を以下にまとめる．無損失材料を用いた場合，前述の $d=p\times\lambda/2$ (p=1,2,3・・・)，$d<<\lambda$ の二つに加えて，材料の波動インピーダンスηが空気の波動インピーダンスη_0に等しい場合も全透過になる．このことは，(6.2.7)，(6.2.11)より $\eta=\eta_0$ とすると$|T|=1$ が得られることから説明でき

る．更に，斜め入射において入射角がブリュースター角である場合も，反射がなく，全透過になる．

上記の $\eta=\eta_0$ の条件は比誘電率を比透磁率と等しくすることであるから，これを空気以外の媒質で実現することは実際上難しい．しかし，多層構造にしてその平均的な比誘電率と比透磁率とを等しくすることは可能である．

図 6.3.8 は同図(a)の金属格子を(b)のように 2 枚の誘電体板で挟み込む構造を示している．金属格子は，その伝送線路的な等価回路より，誘電率が負の値を示すことが知られている．それで，誘電体－金属格子－誘電体の 3 層をまとめて均質媒質として見たとき，その平均的な比誘電率を誘電体の比誘電率より小さい値に調整でき，$\eta=\eta_0$ の条件を満たす均質媒質になるように設定できる．金属格子の特性は格子太さ d と格子間隔 a で定まるので，d, a, および誘電体の厚み d_e と比誘電率とを調整し，所用の周波数で全透過特性特性が得られるように設定する．

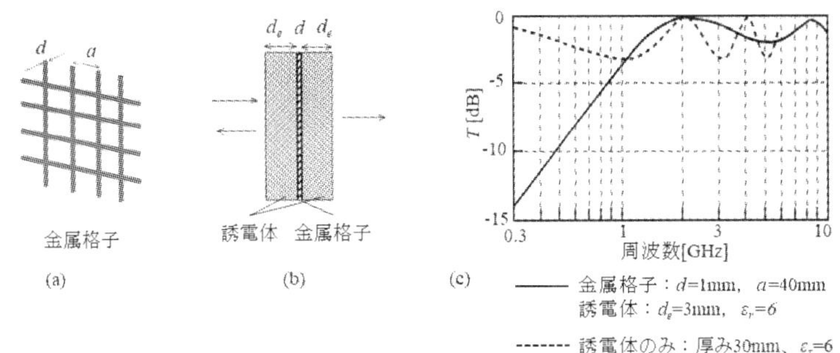

図 6.3.8　金属格子を用いたレードームの特性例

同図 (c)に 2GHz で全透過になるように設計した場合の透過係数$|T|$の計算例を示す．比較例として同じ比誘電率の誘電体を用いて半波長厚みとする設計例を破線で示しており，この場合は 30mm の厚みが必要になる．金属格子を用いる全体厚みは 7mm であるから 1/4 ほどの厚みになる利点がある．また，金属格子を用いると，誘電体のみを用いた場合よりも低周波における透過係数が小さくなる特徴がある．

6.4　電離層と電波伝搬

地表から 80km～300km の高さには太陽から放射された紫外線を吸収して大気が電離している層がある．この層には金属のように自由に移動できる電子が存在する．電子密度は金属ほど高くないので，この層は短波帯以下の周波数の入射波に対しては金属のように全反射を示し，これ以上周波数が高くなると減衰なく透過させるという特徴がある．短波帯の電磁波が国際放送として使用されているのは，地表から放射される電磁波が，電離層と大地との間で反射を繰り返しながら地球の裏側まで到達するからである．

大気の鉛直構造が研究され始めたのは 1900 年初頭といわれている．マルコーニが大西洋横断無線通信を成功させた 1901 年の時点では電離層の特性はよく知られていなかった．イギリスのボルデューという町から S の文字のモールス信号を送信し，北米ニューファンドランド島セントジョーンズで受信したのが最初の大西洋横断通信である．しかし，この事実はすぐには世の中に受け入れられなかった．送受信間の距離は 3500km あり，電波が直進するのであればボルデューから送信された電磁波はセントジョーンズ上空 350km を通るので地上では受信不可能であるはずという理由であった．電離層の特性がよく知られていなかった当時は，長距離無線通信には地表の湾曲が最大の難点と考えられていたのである．

マルコーニの成功もあって，その後大気の構造が詳しく調べられた．現在では電離層は電波伝搬だけでなく地球環境との関連でも関心を持たれている．本節ではまず，電離層を理解するために大気の鉛直構造の概略を説明し，次に電離した気体を媒質とする電波伝搬について述べよう．

6.4.1　大気の構造と電離層

図 6.4.1 に大気の鉛直構造を示す．地表面から高さ約 11km までは 1km 高くなるごとに 6.5℃の割合で温度が下がる．この幅内では上層と下層で常に大気の対流があるので対流圏と呼ばれている．我々の生活に関係する雲，雨，雪などの気象はほとんどこの対流圏内の事象である．

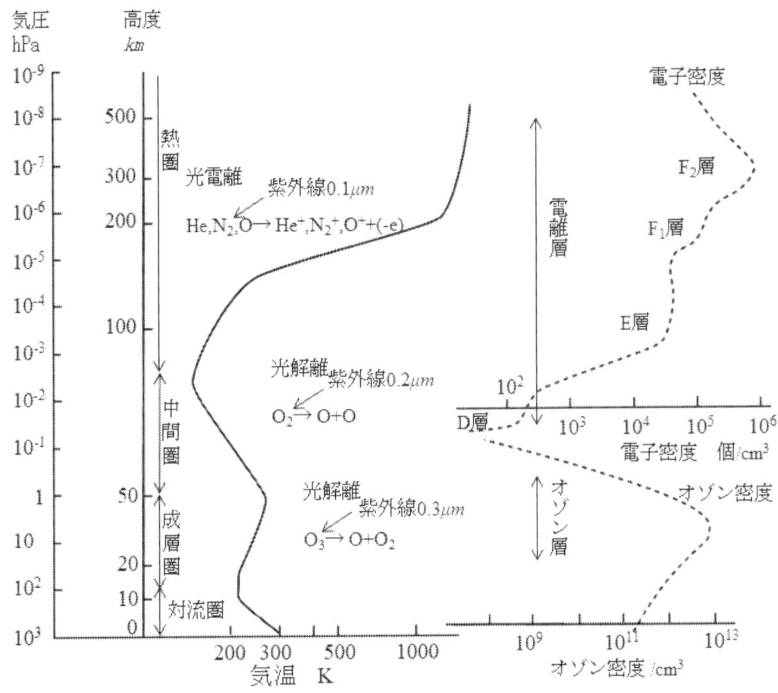

図 6.4.1　大気の鉛直構造

対流圏上層は，しばらくは気温がほぼ一定であるがその上は高くなるにつれて温度が高くなる．温度が極大になる高さおよそ 50km までの範囲を成層圏と呼んでいる．さらにその上層は温度が低くなり続け，80km あたりで温度が極小になる．この範囲は中間圏，さらにその上層の温度が高くなり続ける範囲は熱圏と呼ばれている．大気密度は上層に行くほど小さくなるが，大気の組成は標高 80km あたりまではほとんど変わらず窒素が主成分である．それより上は重力による分離が起こり，軽い（分子量の小さい）気体が次第に多くなる．熱圏の下層では酸素原子が主成分となり，さらにその上の数100kmまではヘリウム,それより上空1000kmあたりは水素が大部分である．

大気温度の高低は太陽エネルギーや地球放射の吸収による．十分波長の短い電磁波が原子に当たると，原子核を周回している電子がエネルギーを得て外に飛び出し電離する．この現象をイオン化，あるいは光電離という．光電離はある特定波長の電磁波を吸収してエネルギー順位が上がる現象とは異なり，波長が短ければどの波長でも生じるので吸収スペクトルは連続スペクトルになる．熱圏で気温が高いのは太陽光放射のうち，波長 0.1μm 程度のエネルギーの高い紫外線を大気が吸収することによる．紫外線吸収により大気の主成分である酸素原子が主に電離する．電離した正負のイオンはある程度時間がたつと衝突して元に戻るが，その間に新たに電離気体が発生する．気体密度が低ければ電離気体が衝突して消滅する割合は減るが密度が低いのでイオン濃度も低い．一方，気体密度が高すぎると電離気体はすぐに衝突して消滅してしまう．正負電荷が衝突して消滅する数と新たに電離する数とがバランスすると常に一定数の電離気体が存在する．図 6.4.1 に示すように中間圏上部から熱圏にかけてかなり高い密度で電離気体が存在する領域がありこれを電離層と呼んでいる[3]．電離層は下層から順に D 層，E 層，F_1 層，F_2 層と名前が付けられている．

6. 4. 2　電離層の電波特性

電離気体中の電波伝搬を考察しよう．電離気体が発生，消滅する現象は無視して簡単化し，図 6.4.2 に示すように電子がある密度で存在する媒質中で x 軸方向に電界 E_x がかけられると電子は $-x$ 方向に速度 v で移動するとしよう．負電荷は電子，正電荷は主に酸素原子であり，酸素原子は電子に比べると非常に重いので電荷移動は電子のみとする．

3　電波伝搬には関連が薄いがオゾン層と紫外線吸収にも触れておこう．中間圏では酸素分子に波長 0.2μm 程度の紫外線が吸収され，酸素分子が酸素原子に分解される（O_2＋（紫外線，0.2μm）→O＋O）．この現象を光解離という．この現象により中間圏から成層圏に渡る範囲に酸素分子と酸素原子が共存し，両者の結合でオゾンが発生してオゾン層ができる．オゾンを消滅させる機構はやはり紫外線であり，波長約 0.3μm ほどの紫外線を吸収し酸素原子と酸素分子に分解される（O_3＋（紫外線，0.3μm）→O_2＋O）．この現象も光解離という．成層圏上層で大気温度が高くなるのは波長 0.3μm の紫外線がオゾンに吸収されることによる．このように紫外線による光解離によりオゾンが発生・消滅し，そのバランスで高さ 30km から 50km にオゾン層が常に存在している．紫外線はエネルギーが高く，地表に住む生物にとっては有害であるが，大気がそのエネルギーの大部分を吸収して電離層やオゾン層を作り，地表生物を保護している．

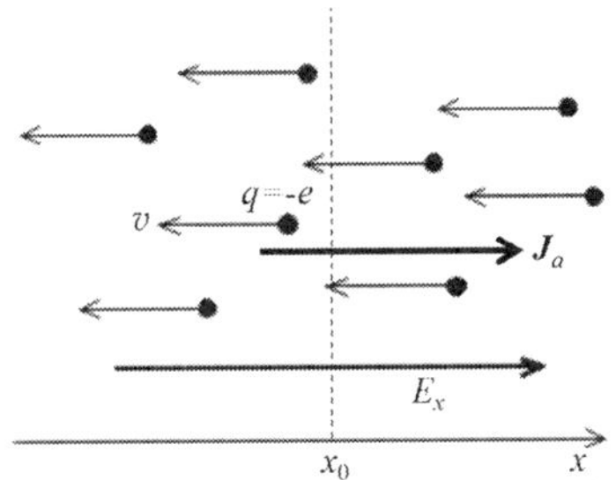

図 6.4.2　電離気体中の電子の移動

電子の電荷を-e，質量を m とすると，

$$m\frac{dv}{dt} = -eE_x \tag{6.4.1}$$

が成り立つ．E_x は角周波数 ω で振動するとし，(6.4.1)右辺は$-eE_x e^{j\omega t}$と表されるとする．電子の速度 v は E_x に追随して ω で振動するので，E_x との位相差を φ とすると，

$$v = v_0 e^{j(\omega t+\varphi)} \tag{6.4.2}$$

と表される．ただし，v の初速度は 0 とした．(6.4.1)，(6.4.2)より時間項を含めて記述すると次式が得られる．

$$v_0 e^{j(\omega t+\varphi)} = j\frac{e}{\omega m}E_x e^{j\omega t} \tag{6.4.3}$$

したがって，$\varphi=\pi/2$ であるので v は次のようになる．

$$v = v_0 e^{j\omega t} e^{j\pi/2} \tag{6.4.4}$$

ここで得られた v は$-e$ の電荷を持つ電子の速度であるから，電流は+e の電荷が v と反対方向に移動するとして求めなければならない．+e の電荷の速度は-v で E_x と同方向である．電子密度を N とすると，E_x に垂直な単位面積の断面（例えば図 6.4.2 の $x=x_0$ の位置に設定した断面）を単位時間に通過する正電荷量，すなわち電流密度 J_a は次式で与えられる．

$$J_a = eN(-v) = \frac{e^2 N}{\omega m} E_x e^{j\omega t} e^{-j\pi/2} \tag{6.4.5}$$

以上の取り扱いでは電界は E_x のみであり，v も x 方向のみであるとした．y，z 方向についても同様の関係が成立し，電界 $\boldsymbol{E}$ と同方向に発生する電流密度を $\boldsymbol{J}_a$ とすれば，(2.1.1b)は右辺の $\boldsymbol{J}$ を $\boldsymbol{J}_a$ とし，

$$\nabla \times \boldsymbol{H} = \boldsymbol{J}_a + j\omega\varepsilon_0 \boldsymbol{E} = -j\frac{e^2 N}{\omega m}\boldsymbol{E} + j\omega\varepsilon_0 \boldsymbol{E} = j\omega\varepsilon_0\left(1 - \frac{e^2 N}{\omega^2 m \varepsilon_0}\right)\boldsymbol{E} \tag{6.4.6}$$

と表される．等価的な比誘電率 ε_p を導入し，上式右辺を $j\omega\varepsilon_0\varepsilon_p\boldsymbol{E}$ と表すと

$$\varepsilon_p = 1 - \frac{e^2 N}{\omega^2 m \varepsilon_0} \tag{6.4.7}$$

である．ε_p は電離気体の比誘電率というべき量であるが，その値は以下に述べるように通常の誘電体の比誘電率とはおおいに異なっている．

図 6.4.3(a)は(6.4.7)で示される ε_p の周波数特性である．f_p は $\varepsilon_p = 0$ となる周波数であり，$e = 1.6\times10^{-19}$C，$m = 9.0\times10^{-31}$kg，$\varepsilon_0 = 8.854\times10^{-12}$F/m とおくと，

$$f_p \approx 9.0\sqrt{N} \tag{6.4.8}$$

となる．以下で述べるように f_p は電磁波が電離層内に侵入できるかどうかの境目であり，臨界周波数と呼ばれる．

電離層は地表 80km～300km に分布し，また電子密度 N も高さにより変化するのであるが，これを図 6.4.3(b)に示すようにある地表高さから一定密度 N の無限に厚い層があるとモデル化し，地表から真上に電磁波を放射して電離層に電磁波が入射する状態を考えてみよう．無限媒質への垂直入射であるから，電離層表面での入力インピーダンス Z_{in} は(6.2.5)を用い，$\varepsilon_r \to \varepsilon_p$ と置き換えて次式で求められる．

$$Z_{in} = \eta_0 \frac{1}{\sqrt{\varepsilon_p}} \tag{6.4.9}$$

ただし，電離層の μ_r は 1 とした．

図 6.4.3(a)に示す ε_p を(6.4.9)に代入し，このときの Z_{in} を用いて反射係数 Γ を(6.2.6)で求めてみよう．いま，ε_p を $f_p \ll f$，および $f < f_p$ の 2 つの領域に分けて扱う．各領域では次の特徴がある．

・f_p<<f の領域：図に示すように $\varepsilon_p \approx 1$ である．したがって，$Z_{in} \approx \eta_0$ であり，$\Gamma \approx 0$ となるので入射波は反射なく電離層内に入り込む．電離層は空気層とほぼ同じ比誘電率なので電波伝搬に影響を与えない．

・f<f_p の領域：図に示すように $\varepsilon_p<0$ である．$Z_{in}=j\eta_0/\sqrt{|\varepsilon_p|}$ であるから入力インピーダンスは純虚数となり，(6.2.6)より $|\Gamma|=1$ である．この周波数領域では入射波は電離層下面で全反射され，電離層内に侵入しない．

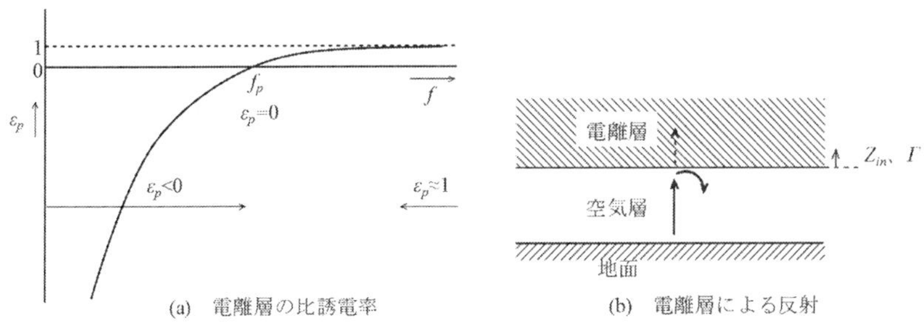

(a)　電離層の比誘電率　　(b)　電離層による反射

図 6.4.3　電離層の電波特性

以上述べたように周波数が f_p より低いと電磁波は電離層下面で全反射されて地表面に戻り，f_p より高い周波数では電磁波は電離層内に侵入し，電離層を突き抜ける．このように f_p は電磁波が電離層内に侵入できるかどうかの境目の周波数である．電子密度 N は高度により異なるが，図 6.4.1 より $N=10^{10}$ ～10^{12} m^3 であるとすると(6.4.8)より f_p はおおよそ 1MHz～10MHz である．

$f < f_p$ の周波数帯では入射波は完全反射するのであるがもう少し詳しく電離層内の伝搬を調べてみよう．電離層境界面からわずかに内部に浸み込んだ成分があればこの成分は電離層内部を伝搬するのであろうか．(2.1.17)において ε_r を ε_p と置き換え，$\mu_r=1$ とする．$\varepsilon_p< 0$ とすると電離層内の伝搬定数 γ は，

$$\gamma = j\beta_0(-j)\sqrt{|\varepsilon_p|} = \beta_0\sqrt{|\varepsilon_p|} \qquad (6.4.10)$$

となる．一般に $\gamma=\alpha+j\beta$ であるがこの場合は γ は実数となって減衰項のみになり，波動として伝搬することを示す虚数項がなくなる．したがって，境界面から内部に浸み込んだ成分は上空に進むにつれて単に減衰するのみで波動と

して伝搬しない．すなわち，$\varepsilon_p < 0$ の媒質内では電磁波は伝搬しないのである．このような減衰する波をエバネッセント波と言う．この減衰は損失媒質内の減衰とは別な現象である．

周波数が f_p より高ければ $\varepsilon_p > 0$ であり，電磁波は電離層内を伝搬する．宇宙通信を行うためには電磁波が安定して電離層を通り抜けねばならず，$\varepsilon_p \approx 1$ となる必要がある．宇宙通信の周波数帯は f_p よりかなり高く，およそ 1GHz 以上の周波数帯である．

以上，電離気体の発生，消滅を無視した粗い近似であったが電離層のもっとも特徴的な現象は説明できた．電子の発生，消滅を考慮すると ε_p は実数ではなく虚数項を有する複素数になり，電離層は損失媒質となる．低周波になるほど電子の移動距離が長くなるので消滅する確率が増加し，ε_p の虚数項が大きくなる．さらに地磁気を考慮すると，電子には電界による力とともにローレンツ力が加わるなど，電離層内の電波伝搬は相当複雑である．

6.4.3　大気による電磁波の吸収

大気を損失媒質として捉えたときの減衰量と電波伝搬との関係を考察しよう．大気は個体や液体に比べると密度が非常に薄いのでその誘電率は真空の誘電率 ε_0(=8.854×10^{-12}F/m)に近似することが多い．実験室内での電波伝搬実験のように伝搬距離が短いときは，実用上十分よい精度である．しかし，地球上での放送や遠距離通信，および大気を通過することが必要な衛星通信など数 10km 以上に渡る伝搬距離を要するときは大気による減衰を考慮しなくてはならない．

大気による減衰は詳しく調べられており，図 6.4.4 に示すように 10GHz あたりから減衰量が増加し始める．水蒸気（H_2O）や酸素分子（O_2）などによる吸収が主であるが，さらに高い周波数帯では炭酸ガス(CO_2)，メタン（CH_4），オゾン（O_3）などによる吸収も大きい．

大気による減衰量が大きい周波数帯は遠距離の放送や通信には適さない．例えば 1km 当たり 10dB の減衰があれば，10km 厚みの対流圏を突き抜けるだけで 100dB の減衰量（伝送電力が $1/10^{10}$ になる）になる．衛星通信や宇宙通信を行うにはさらに上空の大気圏を通過しなければならず，伝搬途中で殆どのエネルギーが大気に吸収されてしまう．このような理由で，衛星通信や宇宙通信など遠距離通信を行うには大気の吸収量が少ない 10GHz 以下の周波数帯が用いられる．

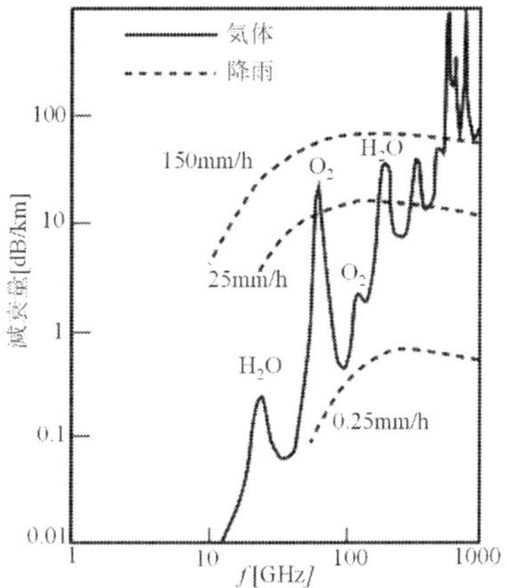

図 6.4.4　大気内における電磁波の減衰

一方，6.4.2 で電離層の影響を受けずに安定した通信をするためには 1GHz 以上の周波数を用いることを述べた．地球と地球外とで通信を行うには電離層反射と大気吸収の両面を考慮しなければならず，通信に用いられる周波数帯は 1GHz から 10GHz という 1 桁の周波数帯に限られる．

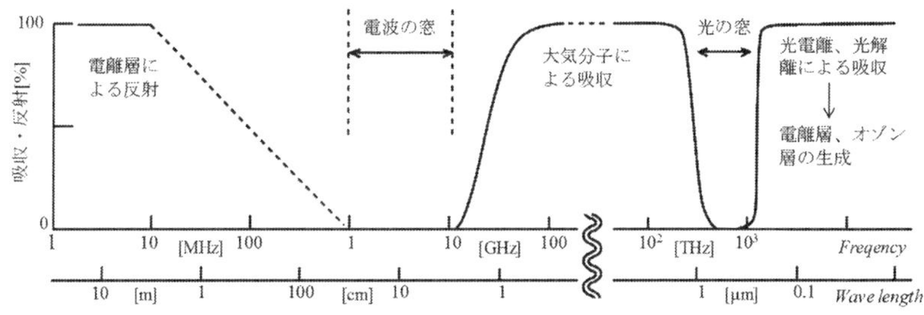

図 6.4.5　電波の窓　（縦軸は大気全体による吸収率. 電離層による反射も合わせて示す.）

図 6.4.5 は地球大気による電磁波の吸収･反射を概念的に示したものである．電離層の影響がなくなる 1GHz あたりから，大気による吸収が始まる 10GHz あたりまでの周波数帯では大気はほぼ透明になり，電磁波は大気を通過できる．この周波数帯は地球から見て宇宙に窓が開いているという意味で電波の窓と呼ばれる[4]．衛星通信や宇宙通信に於いては主に電波の窓の周波数が用いられる．

以上述べたように，電波伝搬は周波数帯によりかなり様子が異なる．図 6.4.6 に代表的な伝搬状態を示した．*A* は地面と電離層との間で反射を繰り返しながら伝搬することを示す．6.4.2 で述べたように $f<f_p$ の周波数帯である短波を用いる国際放送は，この原理により地球の裏側にまで放送波が達する．*B* は地球大気を突き抜けて減衰なく宇宙に通り抜けることを示し，電波の窓の周波数帯を用いる衛星通信・放送などがこれに相当する．*C* は数 GHz 以上の空間の伝搬損失，あるいは大気の吸収が大きい周波数帯の電磁波である．この周波数帯の電磁波は大気中で速やかに減衰する性質があるので，電磁波到達範囲を限定した放送や通信に用いられる．

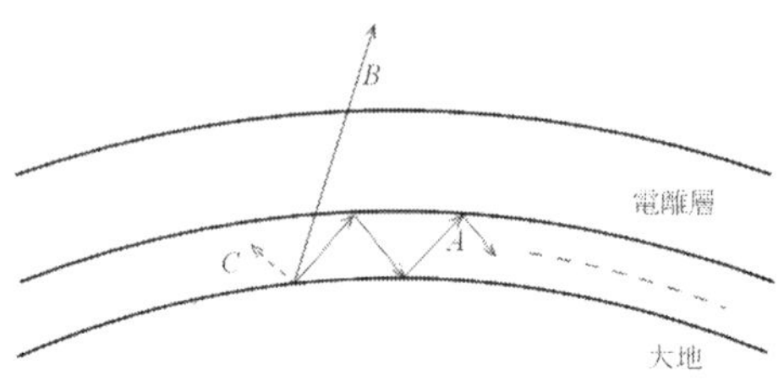

図 6.4.6　周波数帯毎に異なる電波伝搬の様子

[4]図 6.4.5 から分かるように窓の周波数帯はもう一つある．大気分子による吸収が無くなり，かつ光解離や光電離により紫外線吸収が始まるまでの間の可視光領域（波長が 0.3μm から 0.7μm）においても吸収は少なく，大気はほぼ透明である．地表で星が見えるのはこのためである．この領域を光の窓と言う．ところで太陽放射スペクトルは光の窓領域で最大である．一方，大気分子による吸収が大きい 10GHz～赤外領域は地球表面からの輻射周波数に相当し、大気は地球輻射を吸収して温まり，地球の保温の役割を果たしている．地球の大気は，太陽エネルギー最大の周波数ではほとんど透明であるので効率よく地球にエネルギーを取り込み，かつ地球を保温するという相当に巧妙なシステムである．

6.4.4　フェージングとダイバーシチ受信

夜間に中波ラジオを聴いていると,数秒から数分の周期で音が強くなったり弱くなったりすることがある.このように電波受信強度が時間的に周期変動することをフェージングという.このようなフェージングは長距離伝搬に伴って生じる現象であり,これを回避するための方法としてダイバーシチ受信がある.

フェージングの主な原因としては，送信アンテナから放射された波が異なった経路を通って受信点に達する際，経路毎に位相変動が生じ，受信点で合成される際に受信電界に変動が生じること，電離層反射波を受信している場合に,反射波偏波が変化するために受信電界に変動が生じることなどである.

安定した受信を望む場合にはフェージングを除去しなければならない．そのための方策として，相関関係のない 2 つ以上の受信アンテナで受信し，復調後に受信強度の大きいアンテナに切り替えるかまたは各アンテナからの出力を合成する方法があり、これをダイバーシチという．ダイバーシチには,次のような種類がある.

- 空間ダイバーシチ：2 つ以上のアンテナを空間的に離して設置する方法.受信位置が異なればフェージングの発生状況が異なるので，アンテナ間隔は遠いほど良い（例えば $\lambda/4$ 以上）とされる.
- 周波数ダイバーシチ：2 つの周波数を用いて送受信を行う方法．周波数が異なればフェージングの発生状況が異なる．この方法は送信側で複数の周波数により送信することが必要である.
- 偏波ダイバーシチ：偏波が直交する 2 つの受信アンテナを用いる方法.
- 指向性ダイバーシチ：受信アンテナの指向性を利用し，2 つのアンテナを別々の方向に最大受信方向を向けて受信する方法.

6.5　雑音指数

電磁波の送受信に雑音はつきものである．アンテナで受信する信号が微弱になって雑音に埋もれてしまうと信号を再生できない．どの程度までの微弱信号を受信できるかは，アンテナを含めた受信装置の雑音特性による.

アンテナ出力に含まれる雑音にはアンテナで受信される雑音とアンテナ自身で発生する雑音がある．アンテナで受信される雑音とは大気雑音（雷による雑音など）や人工雑音（自動車点火装置から発生する雑音，パソコンなどのデジタル機器から発生する雑音，照明により発生する雑音等），およびサイドローブで受信する大地熱雑音などである．これらとは別に，アンテナはそれ自身が周囲温度で定まる熱雑音を発生する雑音源である．まずアンテナ自身が発生する雑音について述べよう．

アンテナの抵抗を R_0 とすれば，熱雑音（荷電粒子のブラウン運動による雑音）の雑音電圧 E_n は，

$$E_n^2 = 4KTR_0 \Delta f \tag{6.5.1}$$

である．ここで K はボルツマン定数(1.37×10^{-23}J/T)，T は絶対温度，Δf は帯域幅である．熱雑音のスペクトラムは広い周波数範囲に渡ってほぼ均一に分布しているので受信系に入るエネルギーは帯域幅に比例する．また，R_0 は実抵抗である．

図 6.5.1(a)のようにアンテナが増幅器に接続されている状態を，同図(b)に示すように内部抵抗 R_0，起電力 E_n の信号源が負荷に接続されている回路に置き換える．以下において負荷抵抗 R_0 はアンテナインピーダンスに整合しているとする．この条件の下では負荷への伝達電力 N_i は，

$$N_i = \frac{E_n^2}{4R_0} = KT\Delta f \tag{6.5.2}$$

である．N_i は固有雑音電力と称され，負荷への最大伝達電力である．この値は温度と帯域幅で定まり，抵抗 R_0 に依存しない．N_i を求めるには T を定めなければならない．通常，T は常温（290 K）とする．このときの 1Hz あたりの固有雑音電力を求めると，

$$\frac{N_i}{\Delta f} = KT_0 \approx 4.0\times10^{-21} \quad \text{W/Hz} \tag{6.5.3}$$

となり，dB の単位では，$N_i/\Delta f$ は−204 dBW/Hz (=−174 dBmW/Hz)である．雑音は受信装置の帯域幅に比例して大きくなる．

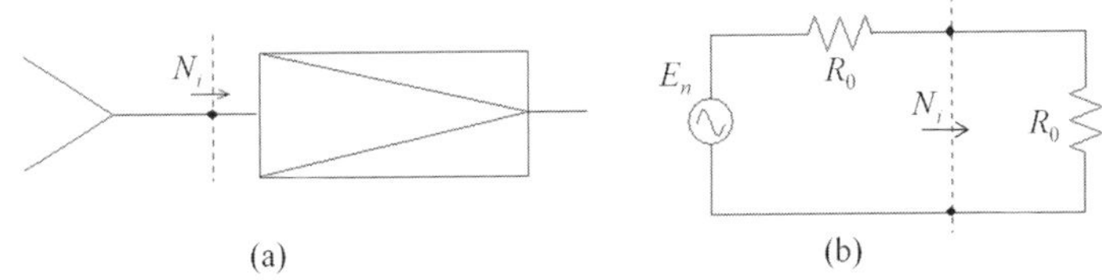

図 6.5.1　アンテナの熱雑音

アンテナで受信した信号の出力電力を P_i とする．アンテナでは N_i なる雑音電力が発生するので，信号が雑音に埋もれないためには少なくとも $P_i > N_i$ でなければならないがこれだけでは不十分であり，アンテナに接続する受信機の雑音特性を考慮しなければならない．

図 6.5.2(a)のようにアンテナを増幅器に接続する．アンテナの信号出力を p_i，増幅器の増幅度を G，増幅器出力端子の信号電力を P_0，雑音電力を N_0 とする．同図(b)のように，p_i とともにアンテナ自身による雑音電力 N_i のみが増幅器に入力すると考える．増幅器入力端子における信号対雑音比は p_i / N_i である．増幅器出力端子においては $P_0=G\,p_i$ であり，また N_0 は GN_i に増幅器内部で発生する雑音電力 N_r が加わり，$N_0= GN_i+N_r$ である．従って増幅器出力端子における信号対雑音比は $P_0/N_0= GN_i/(GN_i+N_r)$である．

増幅器の雑音特性を表すのに雑音指数 F が用いられる．雑音指数 F は入力端子の信号対雑音比と出力端子のそれとの比であり，次のように表される．

$$F=\frac{P_i/N_i}{P_0/N_0}=\frac{P_i}{N_i}\cdot\frac{GN_i+N_r}{GP_i}=\frac{GN_i+N_r}{GN_i}=1+\frac{N_r}{GN_i} \tag{6.5.4}$$

このように定義された F の意味を調べよう．$F=1$ は $N_r=0$ の理想増幅器である．F の値が大きいほど N_r の大きい（内部雑音の大きい）増幅器である．(6.5.4)より，

$$N_0=GN_i+N_r=FGN_i \tag{6.5.5}$$

であるから，出力端子の雑音電力は入力雑音電力 N_i の FG 倍である．信号出力 P_0 は p_i の G 倍であるから出力端子では信号対雑音比が入力端子のそれよりも小さくなる．このことは同式が，

$$\frac{P_0}{N_0} = \frac{1}{F} \cdot \frac{P_i}{N_i} \tag{6.5.6}$$

と変形できるので，出力端子の信号対雑音比は入力端子のそれの $1/F$ に小さい値になることが直接示される．

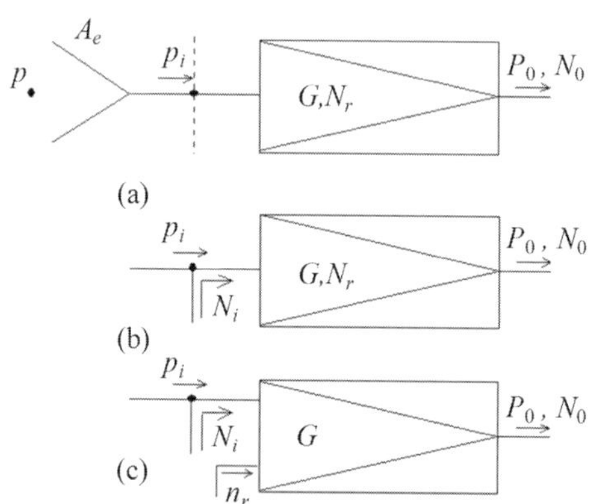

図 6.5.2　アンテナを増幅器に接続した状態

信号を雑音に埋もれさせずに受信するためには増幅器の出力端子において $P_0/N_0>1$ であることが必要であるとしよう．これを満たす入力端子の信号対雑音比は(6.5.5)より $P_i/N_i>F$ である．この条件は，受信アンテナに到来する電磁波の電力密度を p，アンテナの実効面積を A_e とすると $P_i = pA_e$ であるので次のようになる．

$$\frac{P_i}{N_i} = \frac{pA_e}{KT_0 \Delta f} > F \tag{6.5.7}$$

F の小さい増幅器を用いるほど p や A_e は小さい値でよい．従って F を小さくすることは送信電力を低くしたり，受信アンテナの小型化につながる．

雑音の大きさを等価温度で表すことがあるのでこれについて触れておこう．(6.5.4)において N_r は増幅器内部で発生する雑音であるが，これを図 6.5.2(c)のように入力端子に $n_r(=N_r/G)$なる雑音が入力するものと考え，増幅器は雑音のない理想増幅器として扱う．この n_r は温度 T_e なる抵抗で発生するものと考

え，(6.5.2)と同様に，

$$n_r = KT_e \Delta f \tag{6.5.8}$$

とおくと(6.5.4)は次のようになる．

$$F = 1 + \frac{N_r}{GN_i} = 1 + \frac{Gn_r}{GN_i} = 1 + \frac{GKT_e \Delta f}{GKT_0 \Delta f} = 1 + \frac{T_e}{T_0} \tag{6.5.9}$$

T_eを等価温度という．

実際の F の値は，低雑音用として特に用意した受信機では 2dB～5dB(1.3～4)が実現されているが，通常使用する受信機では10～20dB(10～100)程度である．これを等価温度に換算すると例えば F が 16dB では T_eは 10000K を超え，20dB では 20000K を超えてしまう．受信機の雑音指数測定には雑音の大きさが既知の雑音源が必要になるがこのような高温は実現できない．それで，この程度の温度に相当する雑音源が必要である．従来はマイクロ波帯雑音源として放電管が用いられていたが，近年ではアバランシュダイオードを用いた半導体型に置き換わっている．

T_eは元々増幅器内部の雑音を表すものであるが，(6.5.8)の n_rはアンテナ自身で発生する雑音以外の全ての雑音であると拡張すると，本節冒頭に述べたアンテナで受信される種々の雑音を含ませることができる．このように拡張した場合は T_eは受信系全体の雑音の大きさを表す等価温度であり，F は受信系全体の雑音指数である．

6.6　アンテナを用いる測定

6.6.1　平面波入射測定条件

平板物体に電磁波を照射するときの反射量や透過量の測定，各種形状の物体に電磁波を照射するときの散乱波測定などは電磁波に関する基本的な測定である．理論的な取り扱いでは物体への照射は平面波入射であることが多く，実験に於いてもこの条件を満たさなければ測定結果と理論値との比較ができない．しかし，送信アンテナから放射される電磁波は球面状に広がるので，厳密に平面波入射で測定することは実際上難しい．近似的に平面波入射とみなすことができる条件が必要である．

図 6.6.1 は測定試料である平板に向けて開口アンテナから電磁波を放射する状態を示す．5.2 節で述べたように，開口面アンテナからの放射は開口に分布する点波源からの 2 次放射で形成されると考えるのであった．この考えによれば，各点波源から測定試料までの最短距離はアンテナ中心から試料中心までの距離（図の r_0）であり，最長距離はアンテナ端から試料端までの距離（図の $r_0+\Delta r$）である．試料の中心と端とではアンテナからの距離の差が Δr だけあり，波源から放射された波が試料に到達する際に振幅差，位相差を生じる結果，試料への入射波は平面波からずれてしまう．

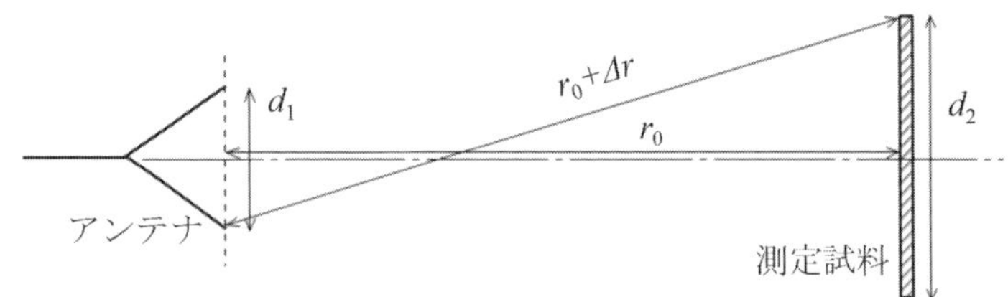

図 6.6.1　アンテナを用いる測定

アンテナと測定試料の大きさ d_1，d_2 は定まっているとしよう．距離の差 Δr による影響は，r_0 が長いほど小さい．しかし，あまり r_0 が長いと 6.1.2 で述べた空間の伝搬損失 L_0 が大きくることや，また，アンテナから試料までの測定距離は実際上制限がある場合が多いので，平面波入射に近似できる範囲でできるだけ r_0 を短くする．

r_0 と $r_0+\Delta r$ の長さの差は，測定試料に入射する電磁波の振幅差，位相差として表れる．このうち，振幅差はそれほど大きくないとし，位相差に着目する．位相差は小さいほどよいが，目安として位相差 $k\,(r_0+\Delta r)-k\,r_0=k\,\Delta r$ を $\pi/8$ 以下とする．$r_0 \gg \Delta r$ として整理すると，

$$\frac{(d_1+d_2)^2}{r_0}<\frac{\lambda}{2} \tag{6.6.1}$$

となる．したがって，周波数が高くなるほど長い r_0 が必要になる．また周波

数と送信アンテナの大きさ d_1，および r_0 が固定されていれば，上式を満たす試料大きさ d_2 には上限がある．

平面波入射に近い状態を実現するため放物面反射鏡を利用する方法がある．これは 5.4.4 に述べた反射鏡アンテナと同じ原理であり，焦点に置いた一次放射器から放射された波は放物面で反射し，図 6.6.2 に示すように平面波となって測定試料に入射することを利用する．測定試料からの後方散乱波は放物面反射鏡を介して一次放射器に集められる．

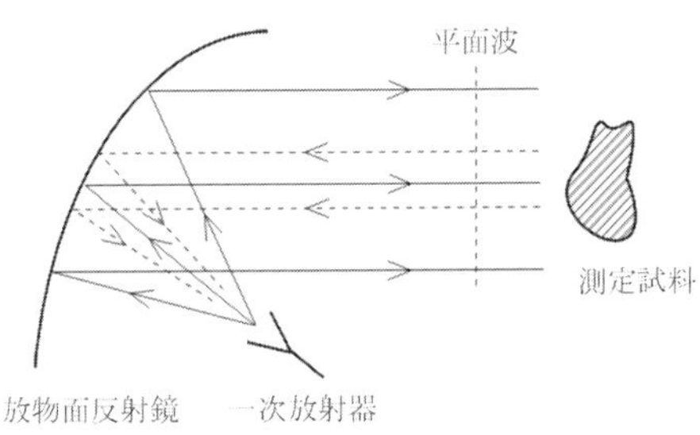

図 6.6.2　コンパクトレンジ測定法

この方法はアンテナから被測定試料までの距離は短くて済むのでコンパクトレンジ法と呼ばれており，散乱波の精密測定に用いられている．実際のコンパクト法に用いられる反射鏡は形状を工夫して端部分で発生する回折波を小さくする工夫がなされている．

6.6.2　電波暗室

アンテナ指向性は自由空間で測定する必要があるが，周囲に反射物の存在しない広い空間を確保することは実際上難しい．そのため，指向性などアンテナ特性の測定を行う場合は電波暗室内で行うことが多い．

電波暗室は図 6.6.3(a)に示すような内壁面全体を電波吸収体でカバーし，周囲壁からの反射波，散乱波を極力小さくした測定空間である．送信アンテナに対向する位置に設けた測定領域（Quiet Zone，周囲壁から到来する散乱波を一定レベル以下に抑えるように設計した空間）に被測定試料を設置する．

電波暗室は擬似的な自由空間を実現するもので，アンテナ指向性の測定の他にも，物体の反射，透過，散乱特性など各種の精密測定に利用されている．

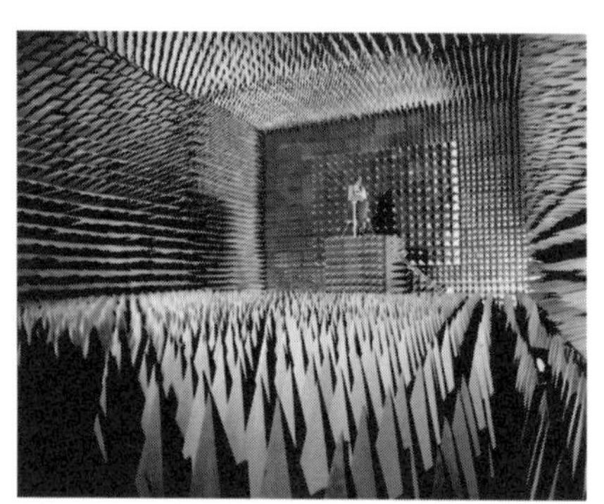

(a)　電波暗室例

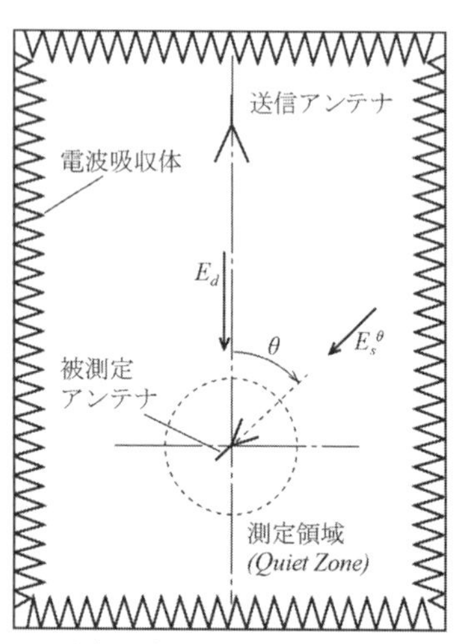

(b)　電波暗室を用いるアンテナ測定

図 6.6.3　電波暗室を用いる測定

図 6.6.3(b)は測定領域に被測定アンテナを設置し，被測定アンテナを水平面で回転しながら送信アンテナからの放射波 E_d を受信し，指向性を測定する例である．このとき，被測定アンテナでは E_d とともに壁からの散乱波 E_s^θ を同時に受信するが，E_s^θ は測定結果に影響を与えないように十分小さく抑制される．

この他に電波暗室を用いる測定としては，電子機器からの漏洩電磁波が電磁環境規格（EMC）に適合していることを確認するための測定がある．この場合は床面を金属面とし，他面は電波吸収体で覆った電波暗室が用いられる．

演習問題

6.1　z 正方向に伝搬する xz 面を偏波面とする平面波 1 と yz 面を偏波面とする平面波 2 を考え，平面波 2 の位相は平面波 1 よりも $\pi/2$ だけ進んでいるとする．平面波 1 と平面波 2 を合成すると右旋円偏波が得られることを，図 6.1.2 を参考にして説明せよ．

6.2　送受信アンテナを距離 5km を隔てて対向している．周波数 f は 1GHz，送信電力 W_t は 50mW，送信アンテナ利得は G_t=1000，受信アンテナ利得は G_r =3000 とするときの最大受信電力 W_r を次の手順で求めよ．

1)　受信アンテナ位置での放射電力密度 p

2)　受信アンテナの実効面積 A_e

3)　受信電力 W_r

6.3　比誘電率 ε_r，比透磁率 μ_r の半無限媒質が図 6.2.1 のように空気と接しており, この半無限媒質表面に空気側から電磁波が垂直入射する. このとき，媒質の比誘電率，透磁率が ε_r =9，μ_r =1 の場合，および ε_r =2，比透磁率 μ_r =2 の場合について，反射係数 Γ，透過係数 T を求めよ．

6.4　導電率 σ の大きい導電材板に電磁波が垂直入射する．導電材板の厚み d が波長よりも十分薄く，この板の等価回路は図 6.2.3 で表されとする．反射係数 Γ と透過係数 T を求めよ．

6.5　ホーンアンテナを送受信アンテナとして用い，これに対向して距離 r_0 の位置に一辺 30cm の正方形金属板を置き，その反射波を自由空間で測定する. 測定周波数が 10GHz の場合に使用するホーンアンテナの開口寸法を 7cm とすれば，平面波入射における測定とみなすためには距離 r_0 はいくら必要か. また，周波数 30GHz の場合に使用するホーンアンテナの開口寸法を 5cm とすると距離 r_0 はいくら必要か？

参考文献

この章では全体的に次の文献を参考にした．

1)　藤本京平，入門電波応用，共立出版，2000 年 3 月．

また，各節においては主に次の文献を参考にした．

［6.1 節］

2)　松本欣二，電波工学入門，朝倉書店，昭和49年10月．

［6.2節］

3)　畠山賢一，蔦岡孝則，三枝健二，“初めて学ぶ電磁遮へい講座”，科学技術出版，2013年4月．

［6.3節］

4)　藤本京平，入門電波応用，共立出版，2000年3月．

5)　松本欣二，電波工学入門，朝倉書店，昭和49年10月．

［6.4節］

6)　Degna Marconi paresce 著，御舩佳子訳，父マルコーニ，東京電機大学出版局，2007年1月．

7)　小倉義光，一般気象学，東京大学出版会，1995年1月．

8)　稲垣直樹，電気・電子学生のための電磁波工学，丸善，1980年9月．

［6.5節］

9)　小笠原直行，鈴木道也，布施正，ミリ波工学，ラティス社，昭和51年8月．

演習問題解答

第 1 章

1.1　1)　j　　2)　$\frac{3}{2}-j\frac{3\sqrt{3}}{2}$

1.2　1)　$3\sqrt{2}\cos(\omega t+\pi/4)$ 2)　$2\sqrt{2}\cos(\omega t-\pi/6)$

1.3　略

1.4　例

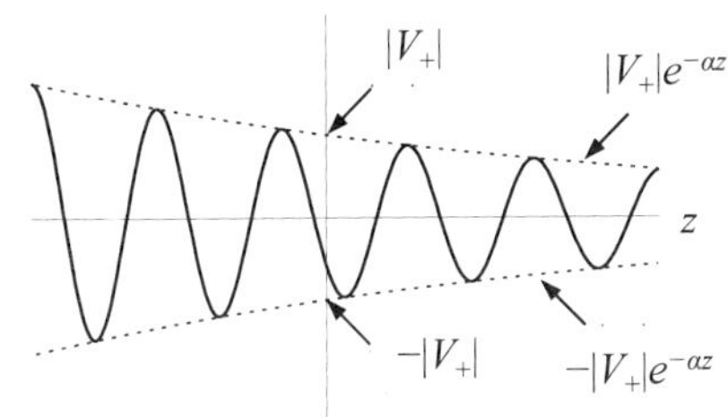

1.5　20 Ω，10^8 m/s

1.6　1)　$\Gamma_0=1/3$，$\rho=2$　　2)　$\Gamma_0=-\frac{6}{29}+j\frac{15}{29}$，　$\rho=\frac{19-3\sqrt{29}}{10}$

1.7　1)　100+j50 Ω　　2)　150 Ω

1.8　1)　−3/7　　2)　$-\frac{4}{41}-j\frac{5}{41}$　　3)　−1

1.9　$\Gamma_0=1/2$，$Z_L=300$ Ω，または，$\Gamma_0=-1/2$，$Z_L=100/3$ Ω

1.10　1)　$Z_m=50\sqrt{2}$ Ω，l=2.5 cm

2)　6GHz では $Z_{in}=100$ Ω，$\Gamma=1/3$，2GHz では $Z_{in}=\frac{50}{7}\left(8-j\sqrt{6}\right)$，

$\Gamma=\frac{3-j2\sqrt{6}}{33}$

1.11　略

第 2 章

2.1　1) $c_0=1/\sqrt{\varepsilon_0\mu_0}=3.0\times10^8$m/s，2) $Z_0=\sqrt{\varepsilon_0/\mu_0}$ =377Ω，

3)　$\lambda_0=c_0/f=10cm$

2.2　1)　$c=c_0/\sqrt{\varepsilon_r}=2\times10^8 m/s$，2)　$Z_w=Z_0\sqrt{1/\varepsilon_r}=251\Omega$，

3)　$\lambda=\lambda_0/\sqrt{\varepsilon_r}=20$cm

2.3　$\boldsymbol{E}$ と $\boldsymbol{H}$ の振幅比は波動インピーダンス η_0 であり，$\boldsymbol{E}$ と $\boldsymbol{H}$ は直交しており $\boldsymbol{E}\times\boldsymbol{H}$ は z 正方向を向く．したがって，

$$\boldsymbol{H}_0 = \frac{E_0'}{\eta_0}\left(-\boldsymbol{e}_x + \boldsymbol{e}_y\right)$$

2.4　1MHz における表皮深さを $\delta_{1\mathrm{MHz}}$ とすると，$\delta_{1\mathrm{MHz}} \approx 5\mathrm{cm}$．また，表皮深さは周波数の平方根に反比例するので $\delta_{100\mathrm{MHz}} \approx 5\mathrm{mm}$，$\delta_{10\mathrm{GHz}} \approx 0.5\mathrm{mm}$．

2.5　前問より，1MHz においては $\delta_{1\mathrm{MHz}} >> d$ であるから電流は板の厚み方向に均一に分布して流れると近似する．1MHz における抵抗 $R_{1\mathrm{MHz}}$ は，

$R_{1\mathrm{MHz}}=\rho\times$(長さ/断面積)$=\rho/d=2\Omega$

一方，10GHz では $\delta_{10\mathrm{GHz}} << d$ であるから電流は導電材表面を表皮深さの厚みだけ流れるとする．電流が流れる面は 2 面あることに注意．10GHz における抵抗 $R_{10\mathrm{GHz}}$ は

$R_{10\mathrm{GHz}}=\rho/(2\delta_{10\mathrm{GHz}})=10\Omega$

第 3 章

3.1　$Z_0=18.8\ \Omega$，$\alpha=0.0438$，$v_p=1.5\times10^8$ m/s

3.2　$\alpha \approx \dfrac{R}{2}\sqrt{\dfrac{C}{L}} + \dfrac{G}{2}\sqrt{\dfrac{L}{C}}$

3.3　略

3.4　$Z_0=51.0$，$\varepsilon_{eff}=3.07$

3.5　$\varepsilon_{eff}=9/4$，$v_p=2\times10^8$ m/s，$\lambda=20$ cm

3.6　略

3.7　略

3.8　略

3.9　3.75 ～ 5 GHz

3.10　1)　3 GHz　　2)　$\lambda_g=7.5$cm，$v_p=3.75\times10^8$ m/s，$v_g=2.4\times10^8$ m/s

3)　TE_{10}，TE_{01}，TE_{20}，TE_{11}，TM_{11} の各モード

第 4 章

4.1　$[Z]=\dfrac{1}{C}\begin{bmatrix} A & |\mathrm{F}| \\ 1 & D \end{bmatrix}$，$[Y]=\dfrac{1}{B}\begin{bmatrix} D & -|\mathrm{F}| \\ -1 & A \end{bmatrix}$　※|F|は F 行列の行列式

4.2　$[\mathrm{F}]=\begin{bmatrix} 1+\dfrac{X_1}{X_2} & jX_1 \\ \dfrac{1}{jX_2} & 1 \end{bmatrix}$

4.3　（ヒント）2 ポート回路の反射係数$\varGamma$と透過係数 T は F 行列要素を用いてそれぞれ次式で与えられる．

$$\varGamma=\frac{A+\dfrac{B}{Z_0}-CZ_0-D}{A+\dfrac{B}{Z_0}+CZ_0+D},\quad T=\frac{2}{A+\dfrac{B}{Z_0}+CZ_0+D}$$

4.4　省略

4.5　（ヒント）ユニタリ性が満足されないことを示せ．

第 5 章

5.1

$$W_d=\int_S P\,dS=\int_0^\pi P2\pi r\mathrm{sin}\theta\cdot rd\theta=2\pi r^2\int_0^\pi P\mathrm{sin}\,\theta d\theta$$

$$=2\pi r^2\cdot\frac{1}{120\pi}\cdot\left(\frac{60\pi Il}{\lambda r}\right)^2\int_0^\pi \sin^3\theta d\theta$$

ここで，$\int_0^\pi \sin^3\theta d\theta=\frac{4}{3}$　であるから，$W_d=80\pi^2\left(\frac{Il}{\lambda}\right)^2$

5.2　x 方向波源分布を$f(x)=\cos(\pi x/a)$と置き，そのフーリェ変換を求める．$\cos(\omega_0 t)f(t)\Leftrightarrow\{F(\omega\text{-}\omega_0)+F(\omega+\omega_0)\}/2$　とするとき，$\omega=-k\mathrm{sin}\theta\mathrm{cos}\varphi$，$\omega_0=\pi/a$ である．これより，

$$\frac{1}{2}\{F(\omega-\omega_0)+F(\omega+\omega_0)\}=a\frac{\pi}{2}\frac{\cos U}{\left(\frac{\pi}{2}\right)^2-U^2}$$

ここで，$U=(\pi/\lambda)a\mathrm{sin}\theta\mathrm{cos}\varphi$ である．したがって xz 面指向性として，

$$E_p = \frac{je^{-jkr}}{\lambda r} a \frac{\pi}{2} \frac{\cos U}{\left(\frac{\pi}{2}\right)^2 - U^2}$$

が得られる．

5.3 (6.2.10)において xz 面に着目し，φ=0 として $U=(\pi/\lambda)a\sin\theta$ と置く．$(\sin U)/U$ は電界の指向性を与える．半値幅 θ_B は電界最大値の$1/\sqrt{2}$であるから，

$$\frac{1}{\sqrt{2}} = \frac{\sin U(\theta_B)}{U(\theta_B)}$$

となる角度である．これを満たす $U(\theta_B)$を U_0 とすると$U_0/\sqrt{2} = \sin U_0$であるが，この式は代数的に解けない．

例えば次のようにして解を求める．いま，$y_1 = U/\sqrt{2}$，$y_2 = \sin U$とし，y_1 と y_2 をグラフに書いて y_1=y_2 となる U を求めると，U_0 は 1.38rad (79°)である．このときの θ を θ_0 とすると，

$$\sin\theta_0 = \frac{\lambda}{\pi a} U_0 = \frac{\lambda}{a} 0.44$$

である．θ_0 は十分小さいとして $\sin\theta_0 \approx \theta_0$ と近似する．θ_B は $2\theta_0$ であるから次式が得られる．

$$\theta_B \approx \frac{\lambda}{a} 0.88(\mathrm{rad}) \approx \frac{\lambda}{a} 50[\mathrm{deg}]$$

以上は開口面の波源分布が一様である場合である．波源分布が余弦状であるときの導出は読者自ら試みられたい．

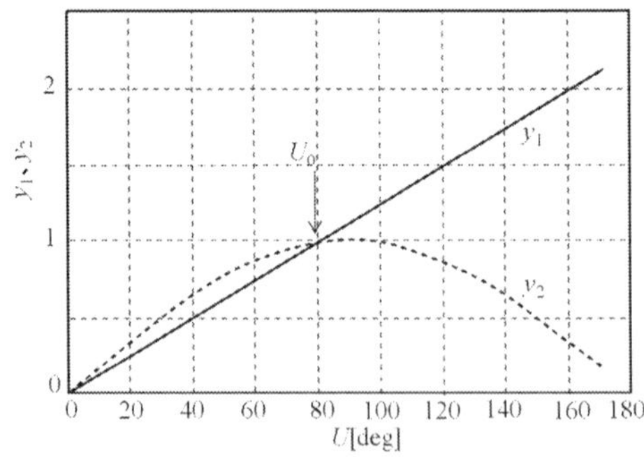

5.4 (5.2.14)より，開口面寸法が 50mm のアンテナを 10GHz で用いると，$\theta_B = 50 \times 30/50 = 30[\mathrm{deg}]$ である．同じ周波数で開口面寸

法が 100mm のアンテナを用いると$\theta_B = 50 \times 30/100 = 15[\mathrm{deg}]$である．

5.5 題意より，電流分布を$I_m\cos(\pi z/l)$とする．(6.3.14)より，

$$I_m l_e = \int_{-l/2}^{l/2} I_m \cos\left(\frac{\pi}{l}z\right) dz = 2I_m \frac{l}{\pi}$$

であるから，$l_e = 2\frac{l}{\pi}$.

5.6 1) $W_m=A_e p$

2) (5.3.22)－(5.3.24)より，$A_e=A_{e(i)}G_r$

3) (5.3.22)－(5.3.24)より，$G_r = \frac{A_e}{A_{e(i)}} = \frac{4\pi}{\lambda^2}\frac{l^2}{2}$,ここで $l=\lambda/2$ とおくと $G_r=1.6$.

5.7 このパラボラアンテナの実開口面積 A は 12.56m^2, 10GHz における波長 λ は 30mm であるから，(5.4.4)より $g=0.57$ であり，また、$A_e=gA=7.2$m^2 である．

5.8 実開口面積が 0.09m^2 より $D=0.34$m．30GHz では $\lambda=10$mm であるから，(5.4.4)より $G=6800$(38dB).

5.9 省略

第 6 章

6.1 省略

6.2 (1) $p=0.16\mu$W/m^2, (2) $A_e=22$m^2, (3)$W_r=3.5\mu$W

6.3 (1) $\Gamma=-0.5$, $T=0.5$, (2)$\Gamma=0$, $T=1$

6.4 $\Gamma=-\sigma d\eta_0/(2+\sigma d\eta_0)$, $T=2/(2+\sigma d\eta_0)$

6.5 10GHz では $r_0>9.1$m, 30GHz では $r_0>24.5$m.

索　　引

［ア行］

［カ行］

［サ行］

［タ行］

［ナ行］

［ハ行］

［マ行］

［ヤ行］

［ラ行］

［英数字］

[著者略歴]

畠山賢一　工学博士
昭和 54 年　東京都立大学大学院工学研究科電気系工学専攻　修了
平成 10 年　姫路工業大学（現 兵庫県立大学）工学部電子工学科　助教授
平成 18 年　兵庫県立大学大学院工学研究科電気系工学専攻　教授
平成 30 年　兵庫県立大学大学院工学研究科電子情報工学専攻　特任教授

榎原　晃　工学博士
昭和 62 年　大阪大学大学院基礎工学研究科物理系専攻　博士課程　修了
昭和 62 年～平成 20 年　松下電器産業株式会社（現 パナソニック）勤務
平成 20 年　兵庫県立大学大学院工学研究科電気系工学（現 電子情報工学）専攻 教授

河合　正　工学博士
平成 7 年　姫路工業大学大学院工学研究科　博士課程 生産工学専攻　修了
平成 14 年　姫路工業大学工学部電子工学科　講師
平成 19 年　兵庫県立大学大学院工学研究科電気系工学（現 電子情報工学）専攻 准教授

マイクロ波回路と電波伝搬 改訂版

2015 年 3 月 28 日　初版発行
2020 年 1 月 25 日　改訂版発行

著　者　畠山 賢一・榎原 晃・河合 正

発　行　ふくろう出版
〒700-0035　岡山市北区高柳西町 1-23
友野印刷ビル
TEL：086-255-2181
FAX：086-255-6324
http://www.296.jp
e-mail：info@296.jp
振替　01310-8-95147

印刷・製本　友野印刷株式会社

ISBN978-4-86186-779-8 C3054